# 配电网**线损**
## 精益化管理

国网四川省电力公司发展策划部
国网四川省电力公司南充供电公司 编

中国电力出版社
CHINA ELECTRIC POWER PRESS

## 内 容 提 要

本书结合配网线损管理的实际，对相关的指标和系统进行了介绍，归纳了配网线损管理的流程、异常处理方法。结合同期线损系统应用，收集编制各类配网线损率异常治理的案例。为配网线损精益化管理提供了要领和思路。

全书分为六章，主要包括配网线损管理的主要内容、配网线损管理流程、配网线损管理相关信息系统应用、10 kV 线路线损率异常治理案例、台区线损率异常治理案例及理论线损计算异常治理案例。图文并茂，对配网线损管理具有较强的指导作用。

本书可为供电企业、科研部门、专业学院从事线损工作的专业管理人员、科研人员、学习人员提供借鉴与参考，也可作为培训机构的参考材料。

**图书在版编目（CIP）数据**

配电网线损精益化管理 / 国网四川省电力公司发展策划部，国网四川省电力公司南充供电公司编 . — 北京：中国电力出版社，2022.9

ISBN 978-7-5198-6766-9

Ⅰ . ①配… Ⅱ . ①国…②国… Ⅲ . ①配电系统—线损计算 Ⅳ . ① TM744

中国版本图书馆 CIP 数据核字（2022）第 080605 号

出版发行：中国电力出版社
地　　址：北京市东城区北京站西街 19 号（邮政编码 100005）
网　　址：http://www.cepp.sgcc.com.cn
责任编辑：赵鸣志　马雪倩
责任校对：黄　蓓　郝军燕
装帧设计：赵丽媛
责任印制：吴　迪

印　　刷：北京博海升彩色印刷有限公司
版　　次：2022 年 9 月第 1 版
印　　次：2022 年 9 月北京第一次印刷
开　　本：787 毫米 × 1092 毫米　16 开本
印　　张：13.75
字　　数：304 千字
印　　数：0001—3000 册
定　　价：88.00 元

# 编委会

# 编写组

# 前　言

配电网直接面对终端用户，是电网的重要组成部分，包含大量的高压用户、低压用户、线路、变压器及辅助设备，对经济社会发展具有重要的支撑作用。近年来，随着各地区经济发展，配电网建设投入不断增大，配电网发展取得显著成效，规模日益庞大、网络日益复杂。配电网线损占电网整体损耗占比逐渐增大，因此配电网降损工作显得尤为重要。配网线损的精益化管理是当前降损的有效途径，也是国网公司注重"提质增效"、努力实现电力"双碳"目标的主要体现，能有效提升企业经营效益，推动企业高质量发展。

当前，线损管理方面的信息系统愈加完善，给线损管理带来了巨大的便利，极大提升了线损管理质效。但是，对于刚接触线损工作的管理人员而言，如何提升线损管理精益程度、如何有效运用各信息系统提升工作效率显得尤为重要且困难。我们常常会听到下面这样的声音："每天应该做些什么工作呢？""为何这条线路的供电量未计算呢？""参数缺失问题该如何处理呢？"

为了让各级线损管理人员直观、便捷地了解、掌握配电网线损的精益管理技能，编者和众多经验丰富的线损管理人员一同讨论、编制了本书。本书从最基本的各线损指标的查看开始讲解，详细说明了每日的工作流程，各主要信息系统的应用，最后列举了各种常见异常的治理案例，为各位读者提供有效的参考。

本书共有六章。第一章简要介绍了配网线损管理的主要内容、难点、相关信息系统和主要指标。第二章说明了配网线损管理流程。第三章对相关信息系统的应用做了介绍。第四章至第六章为 10 kV 线路（台区）线损率和理论线损计算异常治理案例。相信，本书会对读者有一定的帮助。

感谢国网四川省电力公司发展策划部、国网南充供电公司、国网绵阳供电公司、国网内江供电公司在本书编辑、出版过程中所做的努力。

限于编者水平有限以及时间仓促，书中难免存在不足之处，希望读者予以批评指正。

编者

2022 年 3 月

# 目　录

10 kV 及以下配网线损管理 ❶ 分为 10 kV 线路和台区线损的管理，包含了线损综合管理、档案信息管理、计量采集管理、用电检查管理、技术降损、管理降损等。本章将对配网线损管理的主要工作、具体内容、管理难点、未来发展趋势进行介绍，并解释相关指标。

## 第一节　配网线损管理主要工作和内容

配电网作为中低压用户的电力供应网络，存在用户多、网络复杂的特点。配网线损管理是整个线损管理的重要组成部分，是节能降损的主要构成环节。加强配网线损管理是电力行业在"双碳"工作上的有力体现。由于 10 kV 线路和台区线损管理主要工作和内容基本一致，本节对一致的内容合并进行介绍，对个别特殊之处进行单独说明。

### 一、配网线损精益化管理的目的

随着我国经济的不断发展，工业生产和人民对电力的需求日趋增加。配电网作为直接面对用户的末端电力网络，是电力可靠供应的重要保证。同时，线损率作为电网管理的综合体现指标，对配电网线损精益化管理具有很重要的意义。

（1）配网线损精益化提升的管理方面意义重大。从技术上而言，配电网线损精益化管理涉及优化配网网络、优化电源接入、合理配置无功、线路改造等方面。从管理上而言，涉及加强设备运维、完善设备异常监测等工作。

（2）配网线损精益化管理有极大的经济意义。线损精益化管理会直接降低网络线损率，减少损耗电量，是经济效益的直接体现。

（3）配网线损精益化管理有显著的社会意义。损耗电量的降低一方面降低了电力行业单位产能能耗，降低了碳排放量，有效降低工业污染排放，是"双碳"工作的有力体现。另外，线损的精益管理，间接提升设备运维水平、网络可靠性，进而提升用户用电可靠性和用户电能质量。总的而言，配网线损的精益化管理具有显著的经济效益和社会效益。

### 二、配网线损管理主要工作和内容

#### （一）综合管理

综合管理是指配网线损管理的各项具体工作、各个专业间的整体协调、管理工作的总

---

❶ 本书中若无特殊说明，配网线损管理均指 10kV 及以下配网线损管理。

和。包含：制定线损管理工作方案、工作计划和目标；监测、分析配网线损各项综合性指标和异常；将异常情况及时传达至各专业，按流程安排处置；综合协调配网线损管理工作过程中的重大问题；召开线损分析会，开展配网线损专题分析；开展线损专业培训；对各单位线损管理情况进行考核评价等。

### （二）指标管理

指标管理包含指标监控管理、指标制定、指标统计分析。

指标监控管理。监测指标情况和完成异常闭环管理，按日、月进行配网线损各项重要指标的监控，及时对线损异常按流程开展分析并落实整改。

指标制定。根据配网线损实际完成情况、理论线损计算结果，参考现场环境、设备情况、设备维护情况以及用电结构等因素，测算制定 10 kV 线路（台区）线损指标，并据此跟踪、分析和考核。

指标统计分析。根据配网各设备线损率完成情况，统一汇总各项数据并进行分析，一方面，对异常数据及时治理，提升线损管理水平；另一方面，为公司经营管理提供有效的数据支撑。

主要指标包括表底完整率、电量异常率、线损率、线损合格率、经济运行率、高（负）损占比、理论线损可算率、理论线损率偏差、理论线损电量偏差。

### （三）档案管理

档案管理主要涉及设备档案管理和采集档案管理两个方面。

相关设备档案分为一次设备档案和计量设备档案。维护工作包含：及时验收新投（异动）配网设备，更新档案；在各源端系统中准确维护档案信息，及时归档变动信息，确保台—户关系准确，与现场保持一致。

采集档案管理包含：按时在采集系统对新计量点建档、调试，完成上线采集，确保关口、用户计量点档案与现场一致。实现表计远程正确采集。

### （四）计量采集管理

计量设备采集管理维护工作主要为：执行电能计量装置定期校验、按周期轮换制度。

现场异常监测方面，应重点针对监测零电量、波动大用户进行表计现场检查。包含：检查配网设备计量装置（电能表、电流互感器、电压互感器）是否完好；电能表、互感器是否烧损，接线是否正确，一次和二次接点是否松动、氧化；检查户表的表箱是否完好，接线、铅封有无异常。并及时处理计量设备缺陷。

### （五）技术降损管理

技术降损工作主要包含五个方面。一是加强无功运行管理，实现无功分相动态就地平衡；做好无功设备维护，保证设备正常运行。二是开展台区三相不平衡治理，定期对台区主线、支线等电流进行监测，合理进行用户调整，实现三相负载均衡。三是加强低电压治理、裸导线绝缘化改造等。四是调整运行方式、合理布点分布式光伏电源，改善配网潮流，努力降低线路损耗等。五是开展线损专题分析，结合理论线损计算结果进行技术降损分析，针对高耗能、重过载、轻载、网架结构不合理等问题及时制定整改措施及相关项目储备。

## 第二节　配网线损精益化管理的难点和未来趋势

### 一、国内外当前配网线损管理情况

国外发达国家电力系统建设、研究起步较早，配电网的网架建设、改进和线损管理都较国内研究早且先进。20 世纪 30 年代，国外开始开展线损计算的研究，主要分为对损耗的产生进行简单讨论而未涉及机理分析、针对特定元件的电能损耗产生机理分析并给出数学模型两个阶段。随着应用数学的发展和计算手段提升，20 世纪 80、90 年代，改进的线损计算智能方法相继被提出并在实际电网中得到了应用。20 世纪 90 年代以来，随着计算机技术的突飞猛进，输配电线损的计算方法和算法得到进一步发展和提升。

随着数据库技术的发展，国外电力企业通过建立数据共享的数据库消除了存在于企业内部的信息壁垒，同时开始着力解决线损管理问题。例如，将电力营销系统、供电企业资产管理系统和线损管理系统进行深度对接，保证线损数据的正确性和完整性。在十多年前将地理信息系统应用于配电系统之中进行线损管理，大幅度降低管理线损问题。当前，地理信息系统在多个公司得到了成功实践。西门子（Siemens）公司和萨基姆（Sagemcom）公司的智能电网系统中各自集成了高效率的同期线损管理系统，并成功开拓了欧美以及中东市场。此类系统通过实时监测电网负荷来解析能源损失，主要设计为四大模块，即终端数据支持、行业标准核定、风险监测预警、系统优化与决策辅助。部署上为以配电设备周期检测、电网突发事故分析、处理成本统计，以及初代终端＋智能终端负荷统计等各种细分化数据分析的方式实现精准的线损管理。同时，通过信息技术将同期线损管理纳入了基线化管理系统，并结合数据分析使风险处于可控状态。

与国内相比，国外具有相对成熟的电力市场，使得通过实施需求响应降低损耗成为可能。国外电力系统源－网－荷间互动充分，通过实施负荷侧的电价型或者激励型需求响应，允许售电企业调度中心直接或通过负荷聚合商间接地对用户负荷实施控制。

与发达国家配电网现状相比，国内配电网技术水平相对落后，主要体现在网架基础不够坚强、网络结构不够灵活、配电自动化水平较低等多个方面。国内配电网网架较薄弱，配电网损耗占比超过总网损的一半。近年来，随着电网企业生产、营销和调度等信息化系统的建设，电力系统自动化程度不断提高，在线损管理领域取得了明显的进步。目前，国家电网有限公司、中国南方电网有限责任公司均设有线损归口管理部门，并自建有统计线损计算、理论线损计算等系统，营销部门也通过用电采集系统建设实现了 10 kV 分线、分台区线损计算功能。这些系统在功能设计、实际应用等方面基本能满足线损精益化管理要求。在线损理论研究方面，近二十年来，国内发展明显提速，国家电网有限公司、中国南方电网有限责任公司以及国内科研机构均投入大量人力、物力、财力开展降损研究。如国家电网有限公司发展部、电科院 2012 年组织专家学者深入研究建设一体化电量与线损管理系统的可行性，提出了在现有业务系统数据融合的基础上实现线损数据源头采集、线损指标自动计算生成的解决思路。

## 二、配网线损管理的难点

### 1. 配电网技术方面

随着国民经济高速发展，人民生活水平逐步提高，电力需求越来越大，对配电网的要求越来越高，线损管理出现不同的难点。

（1）变电站 10 kV 线路建设滞后于经济发展速度。配网线路缺少有力的电源点支持，造成部分 10 kV 线路存在供电半径过长，迂回供电的问题，导致线损率较高。

（2）配电网"卡脖子"现象仍然存在。部分 10 kV 线路的导线截面小，线路在运行中处于超负荷状态，不能达到最佳的经济运行工作状态，导致损耗不断升高。

（3）部分台区没有及时改造，使用的变压器仍为高损耗型变压器，低压线路截面小，供电距离较长，运维维护不到位等，造成 400 V 低压线损较高。

（4）部分地区存在配电变压器的容量和实际用电负荷不匹配现象，配偶电变压器未在其最佳经济运行的范围内工作，造成"大马拉小车"现象。部分公用变压器负荷变化大、负荷使用率低，在高峰时期出现过载、在低谷时期出现轻载的现象。

### 2. 配电网管理方面

配网线损管理的影响因素包括供电企业管理制度体系、异常治理、员工业务水平等。配网线损管理工作也是供电企业管理的核心和难点。

（1）窃电技术不断提升。部分工业和大用户想尽方法利用高新技术窃电，使用手段隐蔽，增加了供电企业管线损管理难度。

（2）计量装置出现的缺陷和故障问题没得到及时处理。对计量表记和 TA 损坏、表计异常、TV 断相等缺陷和故障没有及时发现、处理，造成计量装置不准确和部分电量错误计量的问题。

## 三、配网线损管理的发展趋势

在"双碳"背景下，电力行业的配网管理将愈加精益。习近平总书记在中央财经委第九次会议上研究实现"碳达峰、碳中和"的基本思路和主要举措，并做出"构建以新能源为主体的新型电力系统"的重要指示，实现"碳达峰、碳中和"是一场广泛而深刻的系统性变革。能源行业碳排放在全国总量占比超 80%，而电力行业碳排放占能源行业总量 40% 以上。配网线损精益化管理是构建新型电力系统、推动能源清洁低碳转型、助力"碳达峰、碳中和"的重要体现，是顺应能源技术进步、促进系统转型升级、实现电力行业高质量发展的重要途径。配电网发展趋势上，发用电一体"产消者"逐步涌现，网荷互动能力和需求侧响应能力不断提升，呈现多种电网形态相融并存的格局，电网的枢纽平台作用进一步凸显，配网线损精益化管理显得十分必要。

当前"万物互联"、智慧电网的发展，有力推进配网线损管理的精益化。在当前科技迅速发展大背景下，大数据、5G 通信、HPLC 通信、边缘计算、源网荷储以及智能深度融合等新兴技术逐步成为用户侧应用核心。配网信息管理逐步实现低延时、高效率、数据全感知、状态全监测、负荷全预知、信息全联动的技术场景应用。可以据此形成完整的低压台区运行状态分析计算和态势感知模型，从而实现源网荷储、有序用电、智能家居等先进技术与能源控制器的深度数据交互，形成低压台区数据可观可测、可控的协调互动的新模式。实现设备资产全寿命周期精益管理，推动配电网建设运维管理、线损治理、抢修服务的精益管理变革，推进配网线损管理的精益化进程。

## 第三节　相关信息系统简介

线损管理涉及多个信息管理系统。从功能上，分为一次设备档案管理、用户信息管理、计量设备档案管理、计量数据采集管理、线损综合管理多个类型。本节将对上述多个信息管理系统进行简要介绍。

### 一、同期线损管理系统

同期线损系统也称为"一体化电量与线损管理系统"，是线损管理的首个专业系统。该系统通过对设备档案、图形拓扑数据、用户档案系统接入、电量定时采集、相关模型的配置实现"四分"线损（率）自动生成、业务全方位贯通、指标全过程监控、辅助降损决策的功能。有效加强线损基础管理，提升专业分析支撑力度，在推进基础档案与线损管理标准化、流程化、智能化和精益化方面，起到了显著的作用。

同期线损管理系统集成营销、运检、调度等专业信息系统的数据。系统功能分成基础管理、专业管理、高级应用、智能决策四大类。实现数据集成、档案管理、拓扑管理、模型管理、计算与统计、指标管理以及线损三率管理功能。

在本书中，同期线损管理系统均称为同期线损系统。

### 二、电力用户用电信息采集系统

电力用户用电信息采集系统是对电力用户的用电信息进行采集、处理和实时监控的系统。实现用电信息的自动采集、台区线损自动计算、台区异常体检检测、计量异常监测、电能质量监测、用电分析和管理、相关信息发布、分布式能源监控、智能用电设备的信息交互等功能。

在线损管理方面，主要有三大功能。一是计量点数据采集功能。根据不同业务对采集数据的要求，编制自动采集任务，并管理各种采集任务的执行，检查任务执行情况。实现计量点表底数据的采集、上传等功能，为线损管理提供关键的计量数据。二是数据管理功能。实现历史数据的存储、查询，按任务要求上传对应数据，为其他系统提供有效可靠的数据。三是用电情况分析。根据各供电点和受电点的电能量数据以及供电网络拓扑数据，计算、统计、分析指定时间段线损情况。也可以对采集数据进行比对、统计分析，发现用电异常、记录异常信息。

在本书中，电力用户用电信息采集系统均称为用采系统。

### 三、营销业务应用 SG186 系统

营销业务应用 SG186 系统是对用电客户档案进行综合管理的系统。在线损管理方面，主要实现用户档案管理、用户计量参数管理、电费管理、记录系统各业务流程等功能。该系统营销模块中，将营销业务划分为"客户服务与客户关系""电费管理""电能计量及信息采集"和"市场与需求侧"等 4 个业务领域及"综合管理"。主要实现新装增容及变更用电、抄表管理、核算管理、电费收费及账务管理、线损管理、资产管理、计量点管理、计量体系管理、电能信息采集等功能。

在本书中，营销业务应用系统均称为 SG186 系统。

### 四、生产管理系统

设备（资产）运维精益管理系统（PMS 系统）是设计面向国家电网有限公司总部、省公司及各级运维检修单位的统一设备（资产）运维精益管理系统，覆盖公司运维检修业务和生产管理全过程。系统面向智能电网生产管理，实现对电力生产执行层、管理层、决策层业务能力的全覆盖，支撑运维一体化和检修专业化，实现管理的高效、集约。以资产全寿命周期为主线，以状态检修为核心，优化关键业务流程；依托电网 GIS 平台，实现图数一体化建模，构建企业级电网资源中心；与 ERP 系统深度融合，建立"账－卡－物"联动机制，支撑资产管理；与调度、营销业务应用以及 95598 等系统集成，贯通基层核心业务，实现跨专业协同与多业务融合。

在线损管理方面，主要有三大功能。一是设备台账参数管理功能。通过电网资源管理模块，实现对线路、变压器、导线等公用设备设施的基础参数管理；包含设备长度、型号、运行状态、线变关系等属性核查，设备基础台账维护变更，设备新投异动等。二是电网拓扑关系维护功能。通过系统图形客户端，高度还原电网现场走向、支线及设备 T 接位置、长度、单线图等拓扑信息，为线变关系及理论线损图模提供基础数据。三是线损治理数据分析功能。通过配网运维管控模块，实现对 10 kV 线路停电、重过载、轻载情况及变压器和台区（以下简称"变台"）低电压、重过载、三相不平衡情况进行监测分析，为网络发展规划及技术降损治理提供数据支撑。

在本书中，设备（资产）运维精益管理系统均称为 PMS 系统，对应的地理信息系统平台均称为 GIS 系统。

# 第四节　相关术语和指标解释

## 一、相关技术术语

**线损电量**：一个电力区域或者网络在给定时段内，电力输送过程中各级电网所损耗的全部电量（其中包括线路、变压器、电抗器和无功补偿设备等所消耗的电量以及不明损耗电量等）称为线路损耗电量，简称线损电量或线损。

**线损率**：一个电力区域或者网络在给定时段内，产生的线损电量与该区域或网络的供电量之比的百分数称为线损率。

**理论线损**：对电网中输、变、配电设备，根据设备参数、负荷潮流、运行方式及特性等计算得出的线损。对应的线损率称为理论线损率。理论线损是一个只与技术参数相关的指标，理论线损率是线损管理的最终目标。

**统计线损**：根据抄表例日抄录的供售电量差值计算出的线损，包含分区、分压、分元件、分台区线损。对应的线损率称为统计线损率。统计线损率受抄、核、收等外部影响较大。

**同期线损**：使用同一时段供售电量计算得到线损。同期线损消除了抄表供售不同期的影响，反映了该时段电能在传输过程中发生的损耗。与统计线损相比，同期线损受外部影响较小，更能反映被监测区域的线损真实情况。本书中，若无特殊说明，书中的线损、线损率均为同期线损、同期线损率。

**三相不平衡**：配电变压器的三相不平衡率=（最大相电流–最小相电流）/最大相电流×100%。依据 Q/GDW 1519—2014《配电网运维规程》，配电变压器的三相不平衡度应符合如下要求：Yyn0 接线不大于 15%，中性线电流不大于变压器额定电流的 25%；Dyn11 接线不大于 25%，中性线电流不大于变压器额定电流的 40%。

**计量点**：用来记录计量装置参数属性的信息实体，主要包括计量点编号、计量点名称、计量点地址、计量点分类、计量点性质等属性。计量点分为电力客户计费点和关口计量点。

## 二、同期线损系统配网重要监测指标

本节，重点介绍在配网线损管理方面，同期线损系统中的重要监测指标。按 10 kV 线路和台区进行分类，解释指标计算和查看方法。

### （一）10 kV 线路相关指标

#### 1. 10 kV 线路线损有效率

10 kV 线路线损有效率=（当月日线损率在 0%~10% 的线路数之和+白名单条数+月度线损率在 0%~6% 的线路数）÷（10 kV 线路日线损档案条数之和+当月度线路档案条数）×100%。

指标查询路径（日、月线损达标率）：同期线损系统导航菜单→电量与线损监测分析→线损监测分析→10 kV 线路监测分析→10 kV 线路日、月达标率查询。日线损达标率查询和月线损达标率查询分别按图 1–1 和图 1–2 所示。

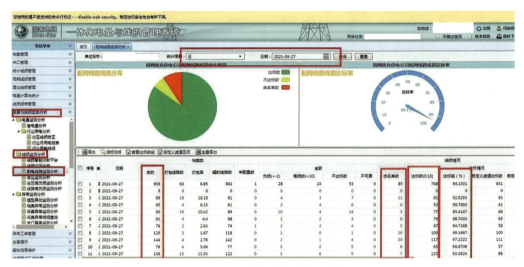

图 1–1　日线损达标率查询 ❶

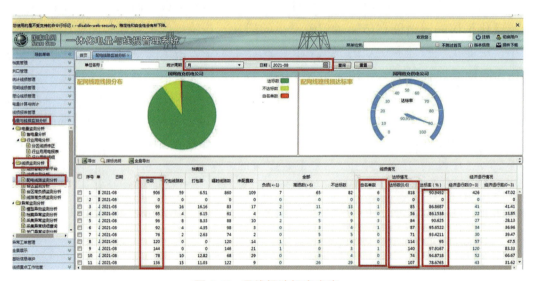

图 1–2　月线损达标率查询

**2. 配网理论线损相关指标**

（1）10 kV 线路理论线损可算率 = 当月 20 日同期 10 kV 线路可算条路 ÷ 当月 20 日同期 10 kV 线路总条数 ×100%。

指标查询路径：同期线损系统导航菜单→理论线损管理→配网理论线损模块→配网检

---

❶ 本书所有图片均为系统截图。

查，通过每周一线路理论线损计算数据，对档案参数、拓扑等数据不完整的线路进行整改和治理。配网理论线损可算率查询按图 1-3 所示。

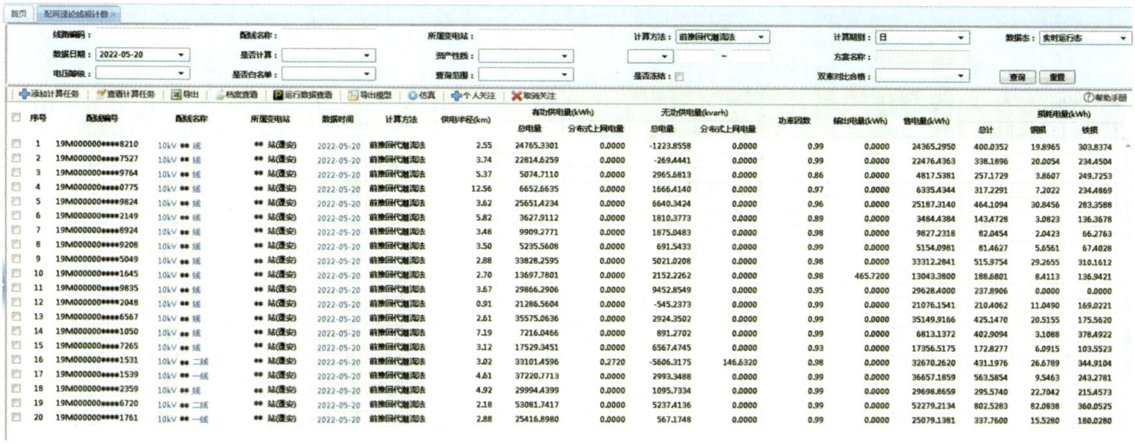

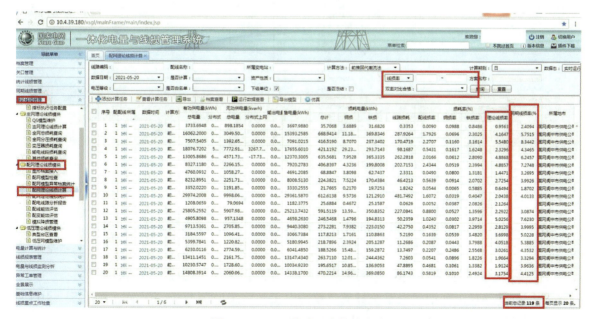

图 1-3　配网理论线损可算率查询

档案参数、拓扑、运行数据、公用变压器匹配、高压用户匹配任意一项不完整，则该线路理论线损不可算。上述数据均完整，则该线路理论线损可算。

（2）10 kV 线路理论线损两率偏差：若同期日线损率 – 理论线损率 $\in$ [–0.5%，3%]，表示两率偏差正常。

指标查询路径：同期线损系统导航菜单→理论线损管理→配网理论线损模块→配网理论线损计算。10 kV 线路两率偏差查询按图 1-4 所示。

图 1-4　10kV 线路两率偏差查询

（3）10 kV 线路电量偏差：若 |（同期日供电量 – 理论计算供电量）|/ 理论计算供电量 ≥ 20%，表示电量偏差异常。

指标查询路径：同期线损系统导航菜单→理论线损管理→配网理论线损模块→配网理论线损计算。线路两率电量偏差查询按图 1-5 和图 1-6 所示。

图 1-5   线路两率电量偏差查询

图 1-6   线路两率电量偏差（同期供电量）查询

### 3. 10 kV 线路高损占比

10 kV 线路高损占比 =（当月同期 10 kV 线路高损条数 ÷ 当月同期 10 kV 线路档案数）× 100%。

10 kV 高损线路：月线损率大于或等于 6%，剔除白名单及新投、退运线路。

指标查询路径：同期线损系统导航菜单→电量与线损监测分析→线损监测分析→ 10 kV 线路监测分析。高损线路占比查询按图 1-7 所示。

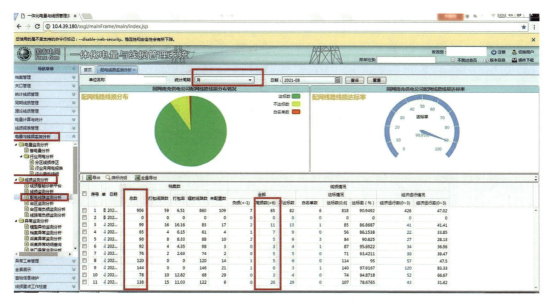

图 1-7　高损线路占比查询

### 4. 10 kV 线路负损占比

负损线路占比 =（当月同期 10 kV 线路负损条数 ÷ 当月同期 10 kV 线路档案数）× 100%。

10 kV 负损线路：月线损率小于或等于 –1%，剔除白名单及新投、退运线路。

指标查询路径：同期线损系统导航菜单→电量与线损监测分析→线损监测分析→10 kV 线路监测分析。负损线路占比查询按图 1-8 所示。

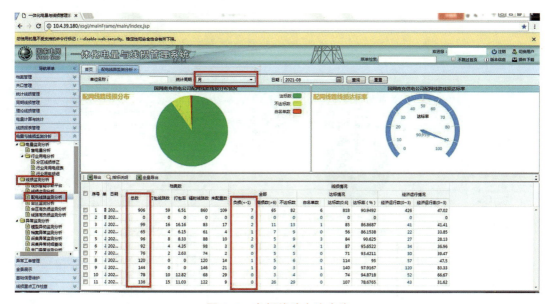

图 1-8　负损线路占比查询

### 5. 10 kV 线路经济运行率

10 kV 线路经济运行率=（当月 10 kV 线路日线损率在 0%~3% 的条数之和 +10 kV 线路月线损率在 0%~3% 的条数）÷（10 kV 线路日档案累计数 +10 kV 线路月度档案条数）×100%。

10 kV 线路经济运行：0% ≤线损率≤ 3%。

指标查询路径：同期线损系统导航菜单→电量与线损监测分析→线损监测分析→ 10 kV 线路监测分析→线路经济运行日、月线损查询。线路日经济运行占比查询和线路日经济运行占比查询分别按图 1-9 和图 1-10 所示。

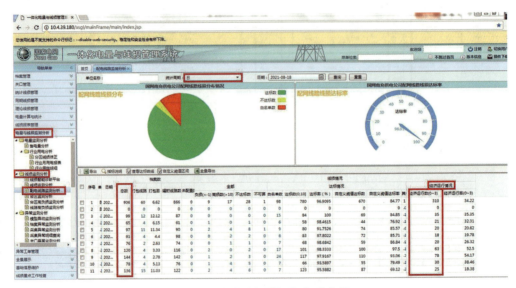

图 1-9　线路日经济运行占比查询

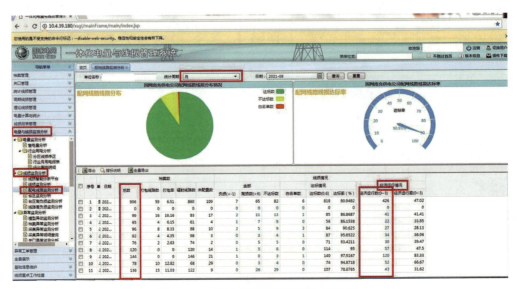

图 1-10　线路月度经济运行占比查询

**（二）台区相关指标**

**1. 台区有效率计算**

台区线损有效率 =（当月台区日线损率在 0%~10% 台数之和 + 白名单台数 + 月度线损率在 0%~7% 的数量）÷（台区线损日档案台数之和 + 当月台区档案台数）× 100%。

指标查询路径（日、月线损达标率）：同期线损系统导航菜单→电量与线损监测分析→线损监测分析→台区监测分析→台区日、月达标率查询。台区月线损达标率查询按图 1-11 和图 1-12 所示。

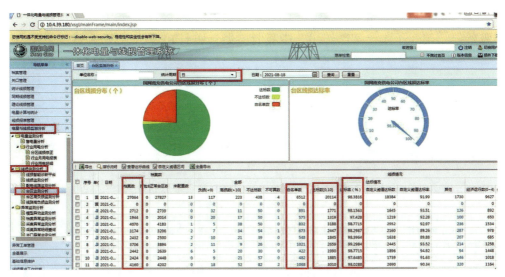

图 1-11　台区日线损达标率查询

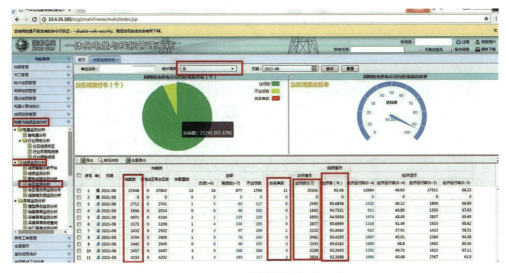

图 1-12　台区月线损达标率查询

### 2. 台区理论线损相关指标

（1）台区理论线损可算率 = 当月 20 日同期台区可算数 ÷ 当月 20 日同期台区总数 ×100%。

指标查询路径：同期线损系统导航菜单→理论线损管理→台区理论线损模块→低压网模型维护，通过每次台区理论线损计算数据，对档案参数、拓扑等数据不完整的台区进行整改和治理。台区理论线损可算率查询如图 1–13 所示。

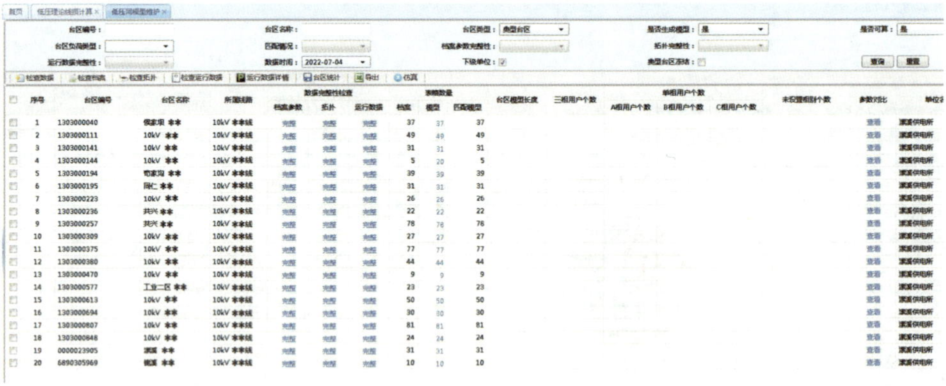

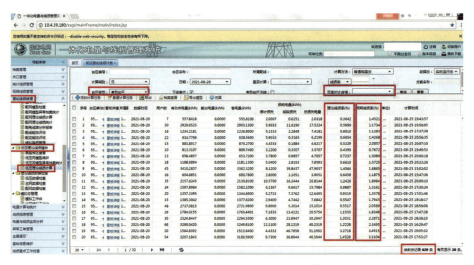

**图 1–13　台区理论线损可算率查询**

档案参数、拓扑、运行数据、表箱匹配任意一项数据不完整，则该台区理论线损不可算。上述数据均完整，则该台区理论线损可算。

（2）台区理论线损两率偏差：若同期日线损率 – 理论线损率 ∈ [–0.5%，3%]，则表示两率偏差正常。

指标查询路径：同期线损系统导航菜单→理论线损管理→低压理论线损模块→低压理论线损计算。台区两率（同期理论）偏差查询按图 1–14 所示。

**图 1–14　台区两率（同期理论）偏差查询**

（3）台区理论线损电量偏差：|（同期日供电量 – 理论计算供电量）|/ 理论计算供电量 ≥ 20%，表示电量偏差异常。

指标查询路径：同期线损系统导航菜单→理论线损管理→低压理论线损模块→低压理论线损计算；同期线损系统导航菜单→同期线损管理→同期日线损→分台区同期日线损。台区两率电量偏差查询按图 1–15 和图 1–16 所示。

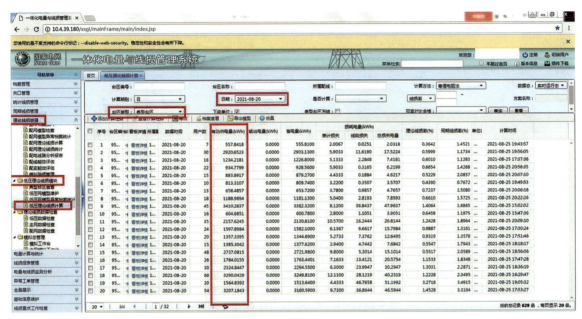

图 1–15　台区两率电量偏差（理论供电量）查询

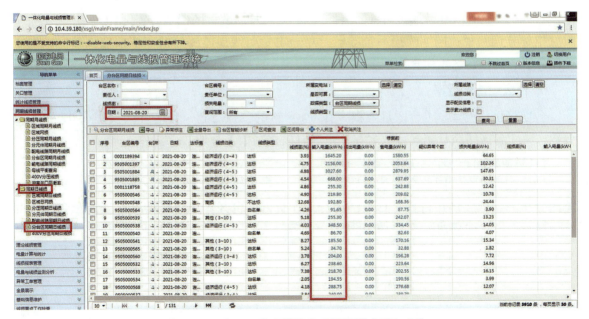

图 1–16　台区两率电量偏差（同期供电量）查询

### 3. 台区高损占比

台区高损占比 =（当月同期台区高损台数 ÷ 当月同期台区档案数）× 100%。

指标查询路径：同期线损系统导航菜单→电量与线损监测分析→线损监测分析→台区监测分析。高损台区占比查询按图 1-17 所示。

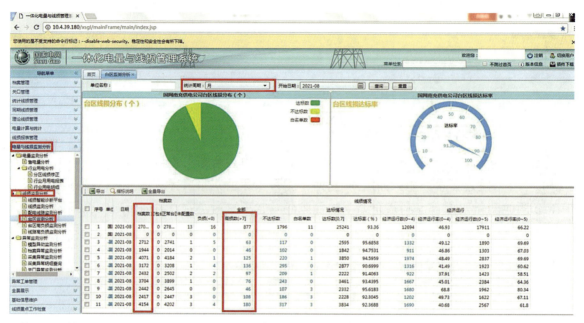

图 1-17　高损台区占比查询

### 4. 台区负损占比

台区负损占比 =（当月同期台区负损台数 ÷ 当月同期台区档案数）× 100%。

指标查询路径：同期线损系统导航菜单→电量与线损监测分析→线损监测分析→台区监测分析。负损台区占比查询按图 1-18 所示。

### 5. 台区经济运行率

台区经济运行率 =（台区日线损率在 0%~4% 的台数之和 + 台区月线损率在 0%~4% 的台数）÷（台区线路日档案台数之和 + 台区月度档案数）× 100%。

台区经济运行：0% ≤ 线损率 ≤ 4%。

指标查询路径：同期线损系统导航菜单→电量与线损监测分析→线损监测分析→台区监测分析→台区经济运行日、月经济运行占比查询。台区日经济运行占比查询和台区月度经济运行占比查询分别按图 1-19 和图 1-20 所示。

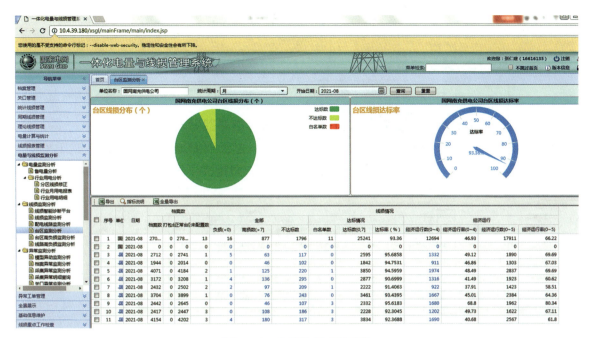

图 1-18　负损台区占比查询

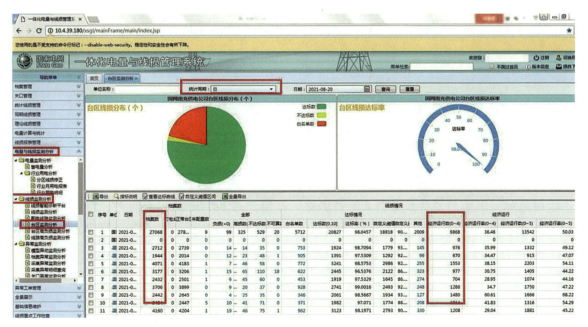

图 1-19　台区日经济运行占比查询

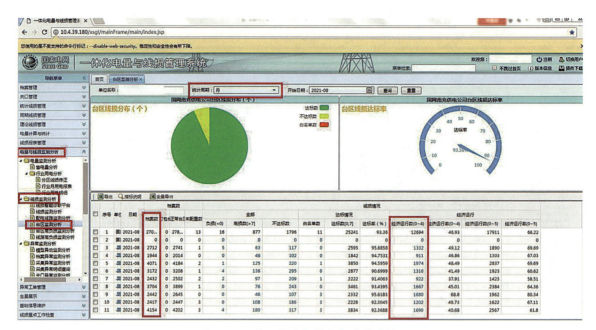

图 1-20　台区月度经济运行占比查询

# 第二章 配网线损管理流程

配网线损管理流程主要涵盖了专业间责任划分、管理方案制定、目标设定、日常指标监控、线损异常治理和评价考核奖惩的全过程。本章主要对配网线损管理的主要流程进行简要说明，并详细介绍 10 kV 线路、台区线损日常的管控工作。

## 第一节　配网线损管理流程简介

### 一、配网线损管理流程

根据配网线损管理的主要内容及其逻辑管理，梳理了配网线损管理的主要流程。参照图 2-1 所示的流程图，结合自身实际情况进行配网线损管理即可。

### 二、配网线损管理流程说明

（1）编制线损管理文件。该工作为线损管理的首要流程，明确了管理单位在配网线损管理方面的总体要求。一是明确组织机构、职责分工。确定线损各专业的管理界面和职责分工。二是梳理工作流程。其包括日常工作管控、过程管理、异常处置流程。三是制定考核规范。对工作职责的履行、工作流程的执行、结果完成情况评价体系进行完善，制定奖惩依据。

（2）编制下发线损任务。该流程在线损管理文件编制之后，主要是按时间、专业、单位三个维度编制、细分线损工作阶段性（季度、年度）任务目标和重点工作任务。应依据当年线损管理需求结合实际情况进行编制。指标方面任务有 10 kV 线路线损合格率、10 kV 线路线损经济运行率、台区理论线损可算率等；重点工作任务有三相不平衡治理、开展线损工作培训等。

（3）开展线损管理工作。在编制并下发线损管理文件、任务后，各单位、专业按管理界面、任务要求和流程按时开展线损管理工作。

（4）检查任务完成情况。在规定的时间（月度、季度、年度等）内，按照线损任务的要求，检查各单位、各专业的各项指标阶段性任务完成情况。并依据管理办法进行奖励或惩罚。

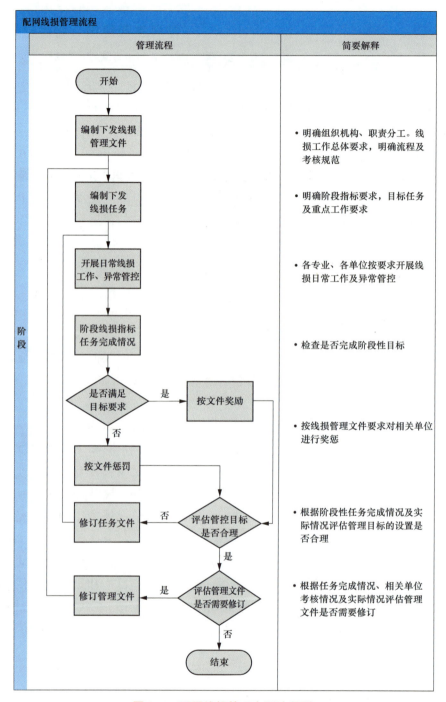

图 2-1　配网线损管理主要流程图

（5）目标任务评价。在阶段性工作完成并执行奖惩后，对线损任务、工作目标的设定进行评价。若任务目标的设定不科学，则应对任务目标进行修订，重新发布线损任务，之后回到第（3）步。若任务目标的设定科学合理，则继续执行第（6）步。

（6）管理文件评价。随着工作日益推进，线损管理的职责、流程等要求有可能与现场实际情况不适合，就需要在对目标任务评价完成后，对线损管理文件进行评价。若管理要求已经不能满足实际工作的需要，则应对管理文件进行修订，中心发布管理文件，之后回到第（2）步。若管理文件还能满足当前工作要求，则继续执行下一步，结束阶段性工作。

## 第二节　10 kV 线路线损日常工作管控

### 一、10 kV 线路线损日常工作管控的主要流程

线路线损管理责任人应每天登录同期线损系统，核实 10 kV 线路日线损、月线损是否达标，并对不达标线路进行原因分析及治理。主要流程为：打开并登录同期线损系统→查看日线损/月线损各项指标是否合格→对不合格线路进行原因分析→根据分析结果进行线损治理→分析总结。10 kV 线路线损日常工作管控的主要流程如图 2-2 所示。

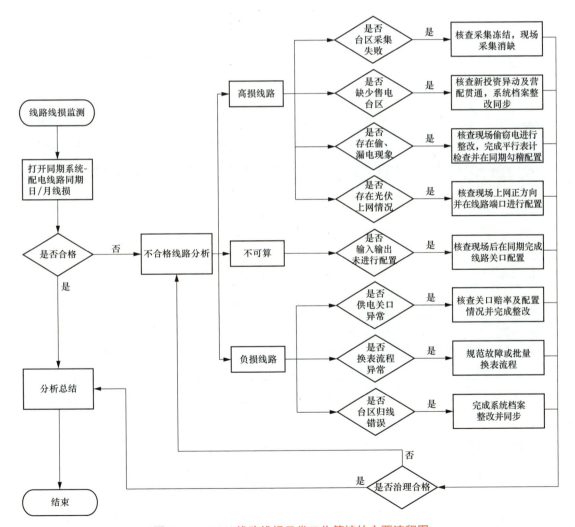

图 2-2　10 kV 线路线损日常工作管控的主要流程图

## 二、10 kV 线路线损日常工作管控内容

本部分将针对"10 kV 线路线损管理流程图"的部分指标监测、异常指标分析处理部分流程进行详细的说明。

### （一）重点指标监测说明

对应图 2-2 中的"查看日线损 / 月线损各项指标"流程。主要监测 10 kV 线路的同期日线损、月线损、理论线损指标及其他月度评价指标。

#### 1. 10 kV 线路同期日 / 月线损指标

主要核查日线损指标达标情况、经济运行线路情况等。系统中可以查看 T-2（即两天前）的日线损指标。

具体查看方法如下：

登录同期线损系统→导航菜单→同期线损管理→同期日（月）线损→10 kV 线路同期日（月）线损。10 kV 线路日（月）线损查询位置图如图 2-3 所示。

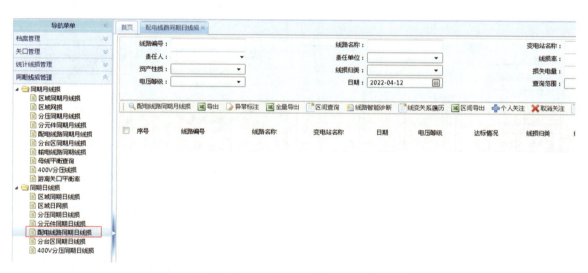

图 2-3　10 kV 线路日（月）线损查询位置图

点击左边显示标符→选择需要查看的单位→选择需要查看的日期→选择是否达标（达标：当天达标线路；不达标：当天不达标线路；白名单：系统纳入白名单线路），输入线损率范围→查询，即可查看 10 kV 线路同期线损具体指标情况。10 kV 线路日线损查询界面图如图 2-4 所示。

#### 2. 10 kV 线路指标监测

10 kV 线路监测分析中可以查看某单位某月 / 某日的档案数、达标率情况、高负线损情况、经济运行情况、白名单（系统自动判断添加）情况。具体查看方法如下：

登录同期线损系统→导航菜单→电量与线损监测分析→线损监测分析→10 kV 线路监

测分析→选择统计周期→选择统计日期→查看，即可查看 10 kV 线路在线监测指标情况。
10 kV 线路监测分析查询界面图如图 2-5 所示。

图 2-4　10 kV 线路日线损查询界面图

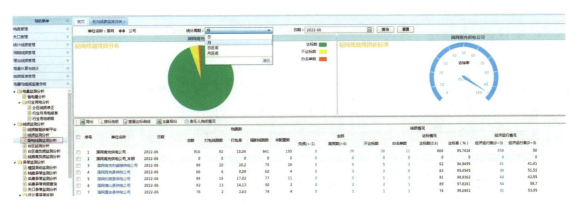

图 2-5　10 kV 线路监测分析查询界面图

### 3. 10 kV 线路理论线损管理

理论线损有效应满足"模型匹配无异常"及以下条件：

（1）两率偏差：代表日的同期线损率∈（0.15%]，同期日线损率－理论线损率∈
[－0.5%~3%]。

（2）两率电量偏差：代表日（同期日线损率－理论线损率）/同期日线损率∈（0，
20%]。

指标查看路径：进入同期线损系统→导航菜单→配网理论线损模块→图形档案接入→加
入生成模型任务→配网模型检查→查看并治理档案参数完整性、拓扑完整性、运行数据完整
性、匹配情况、是否存在起点、是否存在线变关系→理论线损计算→配网理论线损计算→选
择单位、日期进行计算→查询相关结果。10 kV 线路理论线损查询界面图如图 2-6 所示。

具体异常治理方法详见第三章。

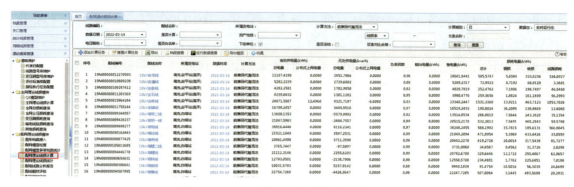

图 2-6　10 kV 线路理论线损查询界面图

#### 4. 10 kV 线路线损月度指标查询

月度指标中包含 10 kV 线路月度线损计算的合格率、经济运行率、高（负）损情况。

指标查看具体流程为：进入同期线损系统→导航菜单→线损重点工作检查→系统建设评价表→同期线损在线监测→设备专业在线监测情况→选择日期→查询。

### （二）典型异常治理说明

#### 1. 不可算线路治理

10 kV 线路线损不可算指同期线损系统存在线路模型，但供售电量在系统中均显示为 0，造成线路线损不可算。造成此类情况的原因有线路现场未使用、现场线路在运但系统变电站供电关口未配置且线路公用变压器、专用变压器所属线路不正确等。

各单位运维检修部负责核查不可算线路明细，并协助相关线路管理供电所对不可算线路进行分析、整改。

（1）线路现场未使用的处理流程。

若核实线路现场未使用，则需进入 PMS 系统将线路运行状态改为未投运，流程结束后进入同期线损系统将线路模型进行删除处理。具体方法如下：

进入 PMS 系统→系统导航→设备变更申请。PMS 系统中提出修改台账参数申请界面图如图 2-7 所示。

图 2-7　PMS 系统提出修改台账参数申请界面图

新建→填写设备变更申请单→勾选台账变更→保存并启动→发送至相关人员进行审核。PMS 系统修改台账参数申请单界面图如图 2-8 所示。

**图 2-8 PMS 系统修改台账参数申请单界面图**

进入审核人员账号→点击任务名称下蓝色字体进入变更申请单审核环节→填写审核意见→点击发送选择台账维护人员→确定，完成审核。PMS 系统修改台账参数申请单审核界面图如图 2-9 所示。

| | 状态 | 任务名称 | 流程类型 | 流程环节 | 发送者 | 发送时间 | 发送者审核意见 | 所属线路站房 |
|---|---|---|---|---|---|---|---|---|
| 1 | | 富坟脑村3台变 | 设备变更申请 | 台账维护 | | 2020-11-10 15:59 | 变更审核同意 | 台区导图 |
| 2 | | 富坟脑村3台变 | 设备变更申请 | 设备变更申请单 | 张** | 2020-11-10 15:54 | 变更审核同意 | 台区导图 |
| 3 | | 1 | 设备变更申请 | 变更审核 | 张** | 2016-06-17 10:21 | 变更审核同意 | 多个站 |
| 4 | | 多个站的6个消弧线圈ERP同步 | 设备变更申请 | 设备变更申请单 | 张** | 2016-06-17 10:16 | 变更审核同意 | 多个站 |
| 5 | | 望城整改 | 设备变更申请 | 图形运检审核 | 刘** | 2016-06-02 14:28 | | 110kV望城变电站 |
| 6 | | 服署二次设备 | 设备变更申请 | 台账维护 | | 2016-05-18 15:13 | 变更审核同意 | 220kV服署开关站 |
| 7 | | 服署修改20160518 | 设备变更申请 | 台账维护 | | 2016-05-18 10:26 | 变更审核:11;图形... | 220kV服署开关站 |
| 8 | | 果州整改0320.1 | 设备变更申请 | 设备变更申请单 | 张** | 2016-03-21 17:40 | | 220kV果州变电站 |
| 9 | | 枣阳整改 | 设备变更申请 | 设备变更申请单 | | 2015-12-17 17:48 | | 110kV枣阳变电站 |
| 10 | | 航空港整改 | 设备变更申请 | 设备变更申请单 | 张** | 2015-11-17 21:17 | | 110kV航空港变电站 |
| 11 | | 桂花站整改 | 设备变更申请 | 设备变更申请单 | | 2015-11-16 10:14 | | 110kV桂花变电站 |
| 12 | | 桂花站整改 | 设备变更申请 | 设备变更申请单 | 张** | 2015-11-16 10:10 | | 110kV桂花变电站 |

**图 2-9 PMS 系统修改台账参数申请单审核界面图**

进入台账维护人员账号→进入台账维护环节→点击台账维护→进入台账维护界面。PMS 系统进入台账维护界面图如图 2-10 所示。

图 2-10　PMS 系统进入台账维护界面图

在台账维护界面选择线路设备→选择交流 10 kV →选择需要退运的线路→点击修改→将设备状态更改为未投运→点击保存→完成后点击左下角 X 关闭台账维护界面。PMS 系统修改台账参数界面图如图 2-11 所示。

图 2-11　PMS 系统修改台账参数界面图

返回台账维护环节→点击发送→在弹出窗口选择台账审核人员→点击确定→发送至台账审核。PMS 系统发送台账审核界面图如图 2-12 所示。

图 2-12　PMS 系统发送台账审核界面图

进入台账审核人员账号→进入台账审核环节→点击设备图台账变更审核→下方填写审核意见→确定→点击发送。PMS 系统台账审核界面图如图 2-13 所示。

图 2-13　PMS 系统台账审核界面图

台账发布成功→自动进入设备同步环节→完成设备同步→点击关闭进入台账结束环节→选择结束→确定，完成修改。PMS系统修改台账结束界面图如图2-14所示。

进入同期线损系统→导航菜单→关口管理→元件关口模型配置→依次找到所属单位、所属变电站、所属线路→模型删除，完成系统模型删除后即可完成整改。同期线损系统模型删除界面图如图2-15所示。

图2-14　PMS系统修改台账结束界面图

图2-15　同期线损系统模型删除界面图

（2）现场线路在运但系统中变电站供电关口未配置且线路公用变压器、专用变压器所属线路不正确的处理流程。

若核实线路现场在用，则需依次核实线路输入关口是否配置计量点且计量点正常、线路下挂接公用变压器和专用变压器所属线路是否正确、高压用户所属线路是否正确，并对异常档案进行整改。具体方法如下：

（若系统无法查询到对应开关档案）各单位运维检修部按要求填写系统新增设备资产清单→报送至各单位发展部→报送至项目组→项目组在系统进行相关设备开关。

进入同期线损系统→导航菜单→档案管理→变电档案管理→厂站名称处输入线路所属变电站→查询范围所有→查询→点击开关下蓝色数字，进入开关状态界面。变电站档案管理界面图如图 2-16 所示。

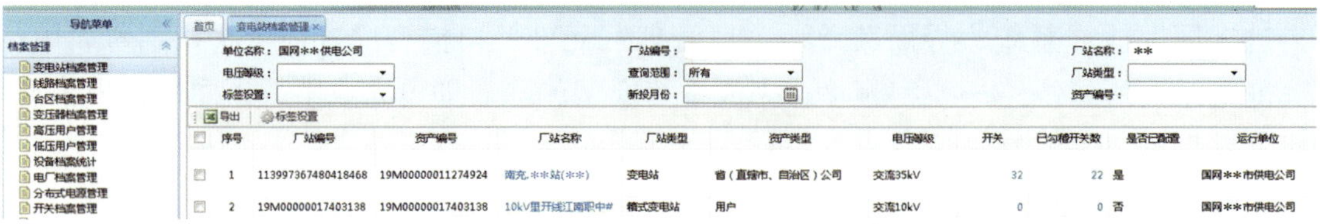

**图 2-16    变电站档案管理界面图**

在开关状态界面→查看开关名称列→找到线路正确的开关名称→点击勾稽，进入计量点勾稽界面→勾稽对应计量点。完成后确保计量点编号及计量点名称与现场一致。变电站开关勾稽成功界面如图 2-17 所示。

**图 2-17    变电站开关勾稽成功界面图**

在计量点勾稽界面→中间一行可以点击新增、修改、删除计量点操作→在计量点选择界面输入计量点编号/计量点名称查询条件→查询范围选所有→查询→选择正确计量点。变电站开关勾稽界面图如图 2-18 所示，变电站开关勾稽计量点选择界面图如图 2-19 所示。

**图 2-18    变电站开关勾稽界面图**

进入同期线损系统→导航菜单→关口管理→元件关口模型配置→依次找到所属单位、所属变电站、所属线路→点击新增输入，进入供入供出关系配置界面。线路关口配置界面图如图 2-20 所示。

图 2-19　变电站开关勾稽计量点选择界面图

图 2-20　线路关口配置界面图

在供入供出关系配置界面→使用开关编号 / 开关名称等查询条件→查询范围所有→点击查询→勾选需要配置的计量点→点击选择→自动返回元件关口模型配置页面→点击保存完成计量点配置。线路关口配置选择界面图如图 2-21 所示。

图 2-21　线路关口配置选择界面图

至此完成变电站供电关口未配置的整改。线路下挂接公用变压器、专用变压器所属线路不正确的治理方法详见"高损线路管理"。

### 2. 高损线路治理

10 kV 线路线损高损指同期线损系统存在线路线损率计算结果，但线损指标不达标（日线损率大于 10% 或月线损率大于 6%）。造成此类异常的原因有线变关系错误造成的公用变压器和专用变压器电量未纳入计算、公用变压器和专用变压器总表采集冻结失败、偷窃电、平行表计、联络关口未配置等问题。

各单位运维检修部负责核查高损线路明细，并协助相关线路管理供电所对高损线路进行分析、整改。

（1）线变关系错误造成公用变压器和专用变压器电量未纳入计算分析流程。进入同期线损系统→10 kV 线路同期日线损→找到相关高损线损→点击售电量下蓝色字体进入售电量明细。售电量明细进入界面图如图 2−22 所示。

图 2−22　售电量明细进入界面图

在售电量明细界面→按高压用户（专用变压器）、台区（公用变压器）两个不同类型对台区电量进行精确核实→找出与现场装接线路不一致的公用变压器、专用变压器明细。售电量明细界面图如图 2−23 所示。

图 2−23　售电量明细界面图

（公用变压器台区所属线路核实流程）进入同期线损系统→导航菜单→变压器档案管理→使用变压器名称或其他查询方式→查询范围所有→点击查询→核实公用变压器台区是否

存在、所属线路是否正确、所属线路是否为空（如果查询不到相关变压器信息，或变压器缺少所属线路，则说明从 GIS 系统推送至同期线损系统的变压器档案不正确，需要在 GIS 系统，PMS 系统台账端去查找相关问题；如果所属线路不正确则需通过更改 PMS 系统变压器所属线路进行修正）。同期线损系统变压器档案核查界面图如图 2-24 所示。

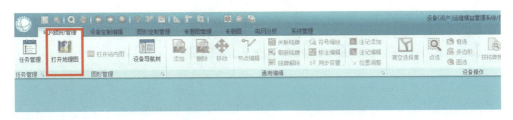

图 2-24 同期线损系统变压器档案核查界面图

登录 GIS 系统→输入相关账号密码进行登录。
进入客户端后→电网图形管理→打开地理图。打开地理图界面图如图 2-25 所示。

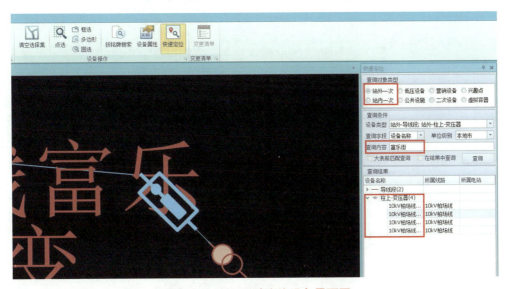

图 2-25 PMS 图形端打开地理图界面图

打开地理图后→电网图形管理→快速定位→选择查询对象类型（柱上变压器站外一次，配电变压器站内一次）→选择设备类型→输入查询内容→点击查询→在下方弹出的窗口双击设备名称进行定位。GIS 系统查询设备界面图如图 2-26 所示。

图 2-26 GIS 系统查询设备界面图

定位后设备高亮显示→电网图形管理→点击设备属性→在弹出的窗口核实所属线路是否正确，所属大馈线是否正确，系统类型是否正确。若不正确则需走线路更新流程进行整改。若各参数均正确，则点击弹出窗口上方进行台账查看。GIS系统查询设备参数界面图如图2-27所示。

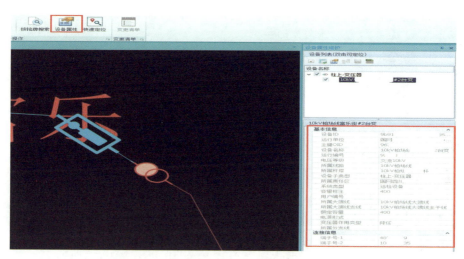

**图2-27 GIS系统查询设备参数界面图**

在台账信息界面，核实各参数情况，其中所属主线应与实际一致，设备状态应为在运，"是否代维"应为否，所属大馈线及所属大馈线支线应齐全且与所属主线对应。若存在错误执行台账维护流程进行整改，操作与本文前述线路运行状态变更方法一致。PMS系统设备参数界面图如图2-28所示。

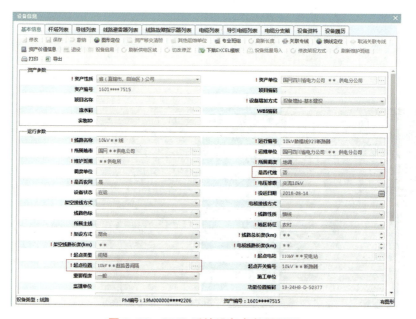

**图2-28 PMS系统设备参数界面图**

进入同期线损系统→导航菜单→台区档案管理→使用变压器名称或其他查询方式→查询范围所有→点击查询。核实公用变压器台区是否存在、所属线路是否正确、所属线路是否为空（如果查询为空或者所属线路等关键字段不正确，则需要登录186系统查询相关档案信息）。同期线损系统台区档案核查界面图如图2-29所示。

图2-29 同期线损系统台区档案核查界面图

登录SG186系统→输入相关账号密码进行登录。SG186系统登录界面图如图2-30所示。

图2-30 SG186系统登录界面图

进入业务菜单→基础数据→电网资源→台区编辑→输入台区名称或台区编号进行查找。在基本信息中核实"公用专用标志"是否为公用，状态是否为"运行"。SG186系统台区状态查询界面图如图2-31所示。

选择"该台区的变压器"标签→核实电网变压器标识是否与GIS变压器设备ID一致。选择"该台区下用户"标签→核实是否存在考核表，并复制考核表用户号。SG186系统台区贯通属性查询界面图如图2-32所示，SG186系统台区计量关系查询界面图如图2-33所示。

图 2-31    SG186 系统台区状态查询界面图

图 2-32    186 系统台区贯通属性查询界面图

图 2-33    SG186 系统台区计量关系查询界面图

业务菜单→客户档案→档案查询→输入考核表用户编号→查询→查询的结果双击进入用户信息界面。SG186 系统台区总表查询界面图如图 2-34 所示。

图 2-34　186 系统台区总表查询界面图

用户信息界面→查看计量点信息→核实计量点信息应为考核→核实主要用途类型为台区供电考核→因 SG186 系统具有电费功能，如某部分信息存在有错误请联系营销专业人员进行整改。SG186 系统台区总表核查界面图如图 2-35 所示。

图 2-35　SG186 系统台区总表核查界面图

（专用变压器高压用户所属线路核实流程）进入同期线损系统→导航菜单→变压器档案管理→使用变压器名称或其他查询方式→查询范围所有→点击查询→核实专用变压器台区是否存在、所属线路是否正确、所属线路是否为空（此问题查看及整改方法与公用变压器一致）。

进入同期线损系统→导航菜单→高压用户管理→输入用户编号或用户名称（模糊查找）→查询范围所有→查询→核实所属线路（如果查询为空或者所属线路等关键字段不正确，则需要登录 SG186 系统查询相关档案信息）。同期线损系统高压用户核查界面图如图 2-36 所示。

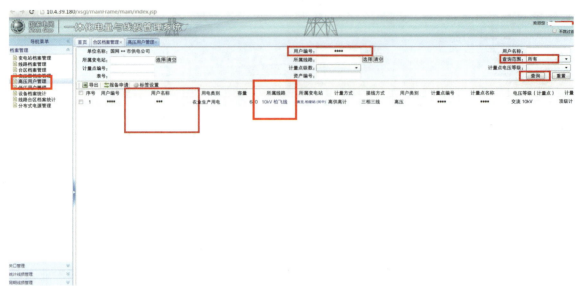

图 2-36　同期线损系统高压用户核查界面图

进入 SG186 系统→核查台区基本信息。要求性质为专用变压器，运行状态为运行，该台区的变压器状态为运行，变压器标识与 GIS 系统中设备 ID 一致，公用专用标志为专用。要求该台区所属线路与实际一致且线路状态为运行，台区档案用户计量点性质应为结算，用途类型为售电侧结算。若存在参数错误则需联系营销专业人员核实，再在 SG186 系统进行整改。SG186 系统高压用户状态查询界面图如图 2-37 所示，SG186 系统高压用户贯通属性查询界面图如图 2-38 所示，SG186 系统高压用户所属线路核查界面图如图 2-39 所示，SG186 系统高压用户总表核查界面图如图 2-40 所示。

图 2-37　SG186 系统高压用户状态查询界面图

图 2-38 SG186 系统高压用户贯通属性查询界面图

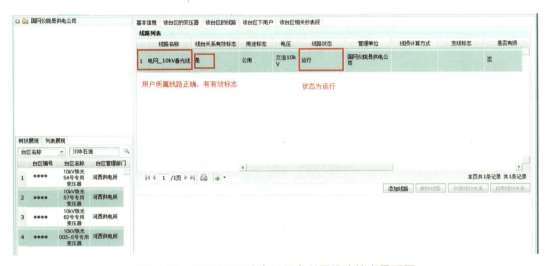

图 2-39 SG186 系统高压用户所属线路核查界面图

图 2-40 SG186 系统高压用户总表核查界面图

（PMS 系统线路更新流程）PMS 设备变更申请→新建→填写设备变更申请单→勾选图形变更、台账变更→保存并启动→发送至相关人员进行审核→审核时勾选变更图形拓扑，发送至图形维护人员及台账维护人员→图形维护人员登录 PMS 图形客户端→电网图形管理→任务管理→找到维护流程→双击→点击确定开启新版本任务进入图形维护界面。PMS 图形端进入任务界面图如图 2-41 所示。

图 2-41    GIS 系统进入任务界面图

图形维护界面→快速定位需要更新维护的设备→设备高亮后点击电网图形管理→设备导航树→右边全网设备树→找到相关线路→右键→局部刷新所属线路→弹出的窗口选择可更新的设备→确定完成局部设备所属线路更新。GIS 系统局部刷新所属线路界面图如图 2-42 所示，GIS 系统局部刷新所属线路确认界面图如图 2-43 所示。

图 2-42    GIS 系统局部刷新所属线路界面图

（若需进行批量设备所属线路更新）快速定位→虚拟容器→站外线路→输入查询内容→查询→双击定位→核实高亮闪烁设备是否正确、是否有多余设备、是否与其他线路存在联络。如果出现非此条线路设备也在闪烁范围，则需要将联络点断开（注意，线路更新必须有明显的断开点，即使把开关设置在常开位置也不行，这里可以用节点编辑直接把联络点拉开，形成一个明显断开点），断开后，确保切割出去的那一部分设备正确挂接到了另外一条应该所属的线路上，然后将这两条线路分别做线路更新。GIS 系统确认所属线路联络关系界面图如图 2-44 所示。

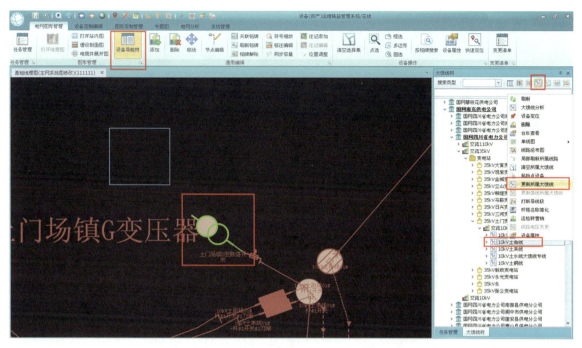

图 2-43 GIS 系统局部刷新所属线路确认界面图

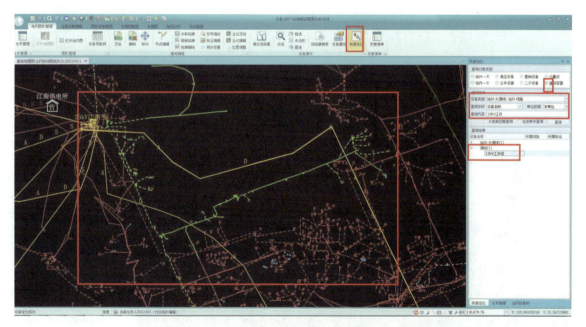

图 2-44 GIS 系统确认所属线路联络关系界面图

快速定位→找到线路出线变电站→设备定制编辑→线路更新→弹出窗口后点击图形上线路出线超连接线完成目标线路选取→再次点击图形上线路出线超连接线完成起点设备选取。GIS 系统线路更新界面图如图 2-45 所示。

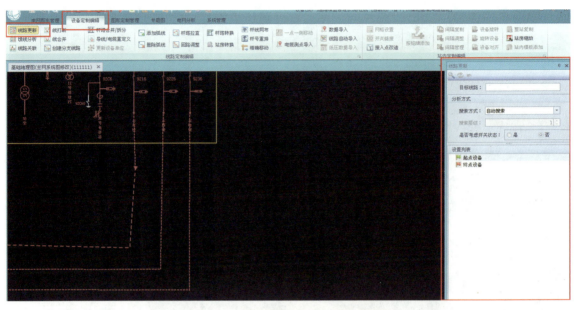

图 2-45　PMS 图形端线路更新界面图

　　点击弹出窗口上放大镜符号进行搜索→完成搜索后核查闪烁出来的设备是否正确→确认无误后点刷新符号进行更新设备所属线路→弹出的窗口点击确定完成整条线路所属线路更新（在做线路更新前，一定要确保此条线路上所有的联络点与其他线路已形成明显断开点）。GIS 系统线路更新刷新界面图如图 2-46 所示，GIS 系统线路更新确认界面图如图 2-47 所示。

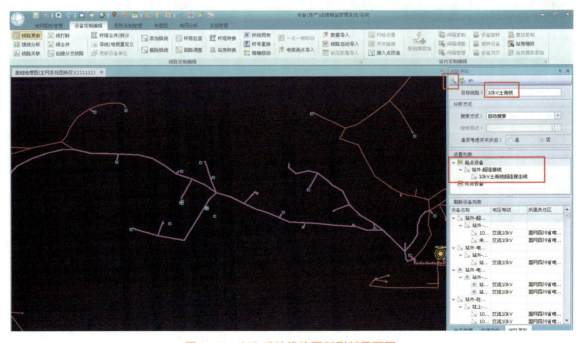

图 2-46　GIS 系统线路更新刷新界面图

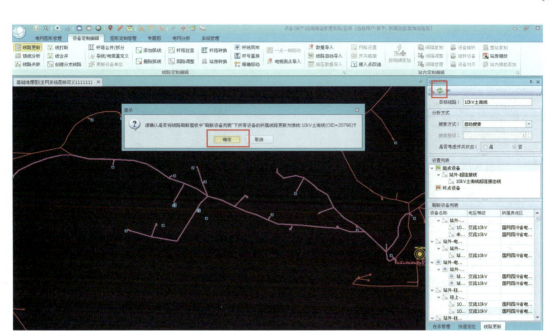

图 2-47 GIS 系统线路更新确认界面图

同样的方法对设备所属大馈线进行更新：快速定位变电站→选中出线超连接线→系统管理→大馈线分析→弹出的窗口核查基本信息后点击分析→分析完毕后弹出的继续分析主干系及分支线点→左下角提示分析完成后点击下方保存按钮完成整条线路所属大馈线分析。GIS 系统大馈线更新界面图如图 2-48 所示，GIS 系统大馈线更新确认界面图如图 2-49所示。

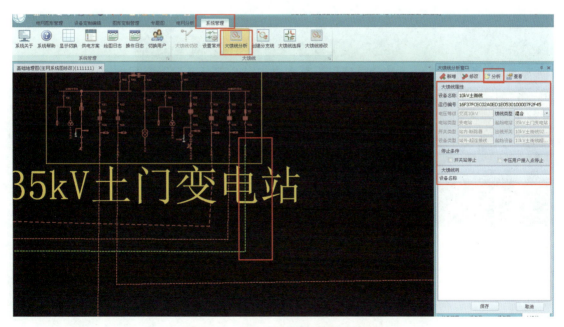

图 2-48 GIS 系统大馈线更新界面图

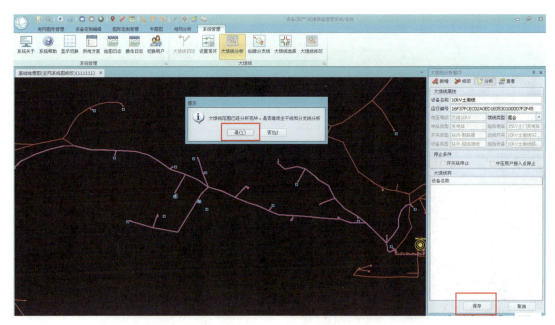

图 2-49　GIS 系统大馈线更新确认界面图

　　若设备较少则进行局部所属大馈线更新→快速定位变需要更新的设备→导航树→大馈线树→找到所属大馈线→点击右键→更新所属大馈线→弹出的窗口中确定完成大馈线更新→导航树大馈线下找到对应大馈线分支线→点击右键→更新所属大馈线分支线→确定完成局部设备所属大馈线更新。GIS 系统大馈线局部刷新界面图如图 2-50 所示。

图 2-50　GIS 系统大馈线局部刷新界面图

　　安装最新专题图插件后→专题图管理→图纸管理→大馈线图纸管理→找到所属大馈线→双击确定→右边选择大馈线单线图→打开进入单线图界面。GIS 系统单线图进入界面图如图 2-51 所示。

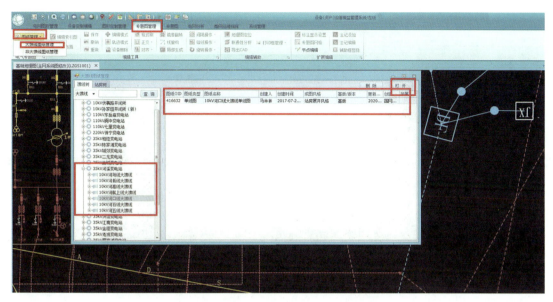

图 2-51　GIS 系统单线图进入界面图

单线图界面→专题图管理→重新布局→站房展开风格→确定完成重新布局→保存完成单线图更新。GIS 系统单线图重新布局界面图如图 2-52 所示。

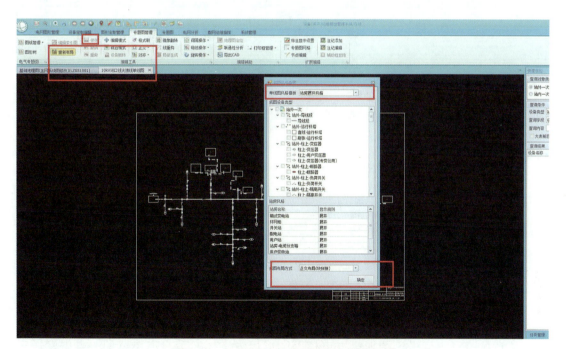

图 2-52　GIS 系统单线图重新布局界面图

继续点击图形定制管理→导出 CIMSVG →弹出的窗口确保校验完成无错误数据（存在错误数据需整改）→进入任务管理→双击本任务进行提交→选择图形运检审人员→确定。GIS 系统单线图导出界面图如图 2-53 所示，GIS 系统图形维护审核界面图如图 2-54 所示。

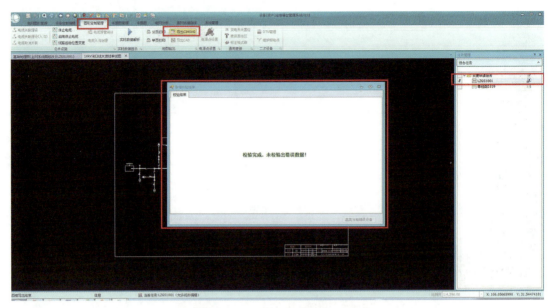

图 2-53　GIS 系统单线图导出界面图

图 2-54　GIS 系统图形维护审核界面图

　　进入图形运检审核人员 PMS 系统→进入图形运检审核环节→点击上方图形变更审核→填写审核意见→点击发送至图形运方审核→图形运方审核时填写审核意见→点击发送至图形调度审核→图形调度审核时填写审核意见→填写投运日期→点击发布图形进入图形后台发布→系统显示图形发布成功后点击发送→发送至图形二次维护。图形维护发布界面图如图 2-55 所示。

图 2-55 图形维护发布界面图

打开图形客户端进入图形二次人员账号→任务管理→继续打开任务→双击提交任务→发送至图形运检审核进行二次发布→台账端再次进入图形运检审核环节→填写审核意见→点击发布图形→确保图形二次发布成功后点击发送→选择结束→确定，完成所属线路 PMS 系统治理，等待同期线损系统同步完成更新后完成治理。图形维护结束界面图如图 2-56 所示。

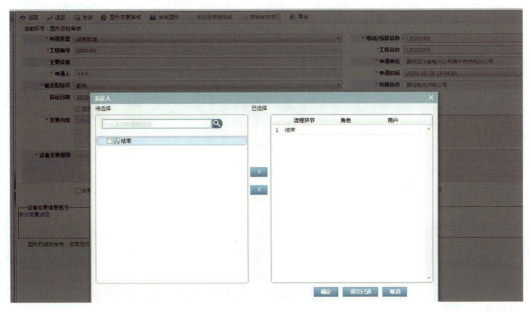

图 2-56 图形维护结束界面图

若再次进行线路更新无效果，且检查了 SG186 系统中档案、GIS 系统中图形均符合上述要求，但是仍然没有用户档案则填写同步表格，通过 SG186 问题平台上报项目组重新推送数据。其中，需要说明同步【FDPMASTER.c_cons】【FDPMASTER.g_tan】和【FDPMASTER.g_tran】中的数据。

（2）公用变压器、专用变压器总表采集冻结失败分析流程。公用变压器、专用变压器采集冻结失败指用采数据采集失败无数据或采集失败补召成功后入库时间过晚未能及时同步，此类问题会造成同期线损系统在电量计算时缺少表底，电量无法计算。需加强用采系统采集失败治理和维护工作。

进入同期线损系统→10 kV 线路同期日线损→进入售电量明细界面→核查正向电量是否正常→核查上下表底是否齐全。同期线损系统公用变压器、专用变压器上下表底核查界面图如图 2-57 所示。

图 2-57　同期线损系统公用变压器、专用变压器上下表底核查界面图

使用具有相关权限的账号进入用电采集系统→统计查询→综合查询→下方查找选择户号等方式并输入查找内容→点击放大镜符合进行搜索→选择找到的电能表→点击电能示值。用采系统用户采集数据进入界面图如图 2-58 所示。

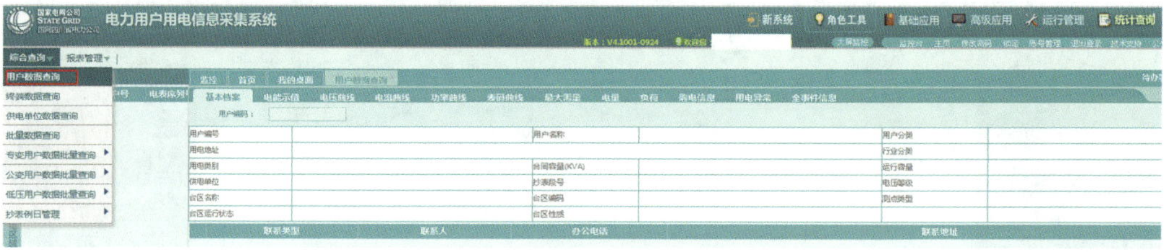

图 2-58　用采系统用户采集数据进入界面图

具有多只表时电能表列表选择正确的表号→选择需要查找的日期→核实正向有功 / 反向有功数据是否齐全→核查采集入库时间是否及时。用采系统用户采集数据核查界面图如图 2-59 所示。

图 2-59　用采系统用户采集数据核查界面图

（3）偷窃电及平行表计问题分析流程。10 kV 线路偷窃电主要出现在专用变压器，通过总表前私自搭接线路用电、损坏计量装置等方法进行。

平行表计主要是公用变压器、专用变压器上存在未经过公用变压器总表、专用变压器总表而存在多个用户表的现象，可以通过在同期线损系统中：关口管理→元件关口模型配置→线路新增输出的方法进行计量点配置，具体操作见本节第 1 点中"不可算线路治理"部分。

（4）小水电及联络关口档案问题分析流程。小水电及联络关口档案问题主要是指在线路上可能出现用电或负荷转供的计量点，导致线损率计算异常的情况。完成现场计量安装、建档后在同期线损系统中配置。方法为：关口管理→元件关口模型配置→新增线路输出。具体操作见本节第 1 点中"不可算线路治理"部分。

（5）电网结构问题分析流程。电网结构问题主要表现在线路重载、轻载、设备老旧、变压器负载量不合理、树障严重等问题。需加强日常运维，做好年度检修工作，同时可根据网络结构做好网络规划，通过负荷转移等方式解决此类问题。

**3. 负损线路管理**

10 kV 线路线损负损指同期线损系统存在线路线损计算结果，但线路线损率为负；造成此类情况的原因有计量关口异常、表计换表流程异常、线变关系错误、时钟超差问题等。

运维检修部负责核查负损线路明细，并协助相关线路管理供电所对负损线路进行分析、整改。

（1）关口计量异常分析流程。计量异常导致线路负损的情况主要分为变电站关口计量少计或变压器总表计量多计。需根据实际核实是否为计量点勾稽错误、计量档案错误或现场计量设备异常等情况。若计量点勾稽错误，则在同期线损系统修改勾稽计量点。若计量档案错误，则按实际修正档案参数。若计量设备异常，则对设备进行维护检修或更换，同时同步完成采集流程归档。

（2）换表流程异常分析流程。换表流程异常常见于因输入关口计量点突然降低或某一台公用变压器、专用变压器电量突增造成日线损为负。需核查并规范换表流程以减少此类问题出现。一方面，计量点换表必须当天完成流程归档，采集系统下发参数后不更新数据；另一方面，走流程时系统中换表时间及换表时旧表底度需与实际一致。

如果是正常换表，若在采集系统中采集数据并保存，则会导致新表表底就把前一日旧表表底覆盖，造成同期线损系统计算时的错误数据。

如果换表前一天没有采集成功，那么换表同步采集后就需要在采集系统【随机采集】菜单下点击【冻结和统计数据】→【采集】，对换表后的冻结数据进行采集；再点击【同步营销】，然后点击【保存】。这样就可以把前一天的数据保存到系统，避免出现错误数据。同期线损系统用户电量异常示例如图 2-60 所示。

图 2-60 同期线损系统用户电量异常示例

（3）线变关系错误分析流程。常见为线路公用变压器、专用变压器所属线路错误，导致非本线路的电量错误统计至该线路进行计算，核查整改方法与高损治理中线变关系错误治理方法一致。

（4）时钟超差问题分析流程。时钟超差问题主要出现在线路供售电量偏小情况下，时钟超差会造成变电关口与台区售电量不同期，从而导致波动性负损，可通过系统对时、现场对时等方法进行整改。

进入用电采集系统→基础应用→数据采集管理→数据召测→穿透抄表→输入用户号等查询方式→选择查询表计→点选电能表时钟→穿透抄表→核查采集结果中采集时间与采集值是否存在较大偏差。若存在较大偏差则需要进行手动对时。同期线损系统时钟超差核查界面图如图 2-61 所示。

图 2-61 同期线损系统时钟超差核查界面图

进入用电采集系统→运行管理→时钟管理→电能表对时→电能表手动对时→输入用户号等查询方式→查询→点击右下方按钮进行手动对时。用采线损系统时钟超差手动对时界面图如图 2-62 所示。

图 2-62 同期线损系统时钟超差手动对时界面图

# 第三节　台区线损日常工作管控

## 一、台区线损日常工作管控的主要流程

以低压台区采集成功率、计量管理、老旧设备更换、反窃查违、营配贯通、异常台区处理为抓手，加强台区线损治理过程管控，不断提升台区同期线损管理水平。使台区日线损监测达标率达到 99.50% 以上，提升台区经济运行占比。

指标管控流程：台区线损监控→日指标发布→采集消缺→不合格台区问题分析→现场排查治理→分析总结。台区线损管理流程图如图 2-63 所示。

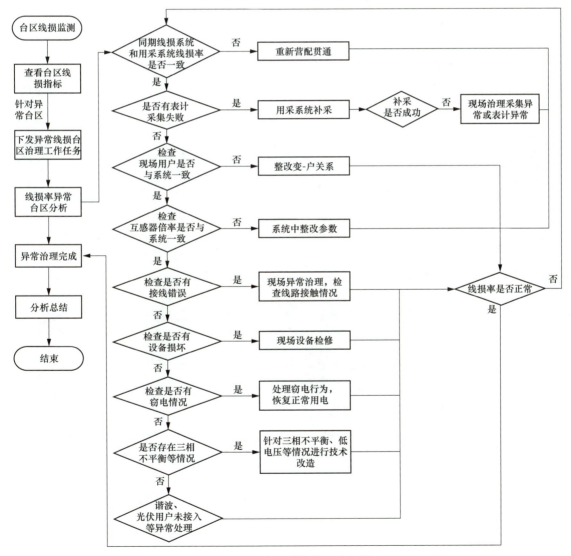

图 2-63　台区线损管理流程图

## 二、台区线损日常工作管控内容

### （一）重点指标监测说明

#### 1. 用采系统台区线损指标监测

依据用采系统线损 $T-1$ 统计规则，各班组在每天上午开展指标监控，逐台分析波动原因，要求高（负）损台区及时完成治理。用采集系统台区日均指标监控操作路径为：进入用采集系统→台区线损分析→本地化线损监控→台区线损分析→日累计线损→选择"开始""结束"时间→导出台区明细。用采系统台区线损监控界面图如图 2-64 所示。

按照图 2-65 所示操作，选择前一日时间，并导出台区明细，及时告知台区经理进行系统分析，现场核实整改。

图 2-64　用采系统台区线损监控界面图

图 2-65　用采系统台区线损核查界面图

#### 2. 同期线损系统台区线损指标监控

依据同期线损系统台区线损统计规则（$T-2$），每天对前 2 日均线损率大于 10% 的不合格台区进行监控，限时开展异常线损的台区治理，保障同期与采集线损指标一致。确保同期线损系统台区日均监测合格率占比在 99.50% 以上。

同期线损系统台区日线损指标监控路径：同期线损系统→电量与线损监控分析→台区监控分析→统计周期选择"日"→选择"查询日期"→点击"查询"。同期线损系统台区线损监测界面图如图 2-66 所示。

图 2-66　同期线损系统台区线损监测界面图

### 3. 用采系统、同期线损系统台区线损对比分析

开展轻载台区治理。结合同期线损系统白名单判定规则，开展新增轻载台区、小负损台区线损治理监控。一方面现场核实配电变压器实际运行负荷参数，配置合理的考核计量互感器，减少因关口计量误差导致线损波动。二是采取集中小区低压线路环网供电方式，将临近的轻载台区停运，减少低压网络损耗，以达到轻载台区治理的目的。

同期线损系统日均线损白名单台区明细查看路径与同期线损系统台区线损指标监控操作流程一致。

点击蓝色字体的台区名称，即可进入台区智能看板，查询台区日供、售电量、日损耗电量、线损率等台区信息。同期线损系统台区线损分析界面图如图 2-67 所示。

图 2-67　同期线损系统台区线损分析界面图

### （二）典型异常治理说明

### 1. 计量采集异常的治理

（1）采集消缺时限管控。

依据同期线损系统台区表底数据取数时间节点，提前运用用采系统表计采集数据统计

规则（$T-1$），每天上午开展表底数据补召及现场失败表计消缺，确保同期线损系统台区表底数据完整。

具体操作路径：进入用采集系统→统计查询→综合查询→低压用户数据批量查询→抄表数据查询→集中器抄表成功率。用采系统采集核查界面图如图 2-68 所示。

选择前一日集中器抄表成功率，查询抄表成功率未达到 100% 的台区。点击蓝色字体"统计更新"，并进行手动更新数据。用采系统采集成功率核查界面图如图 2-69 所示。

图 2-68　用采系统采集核查界面图

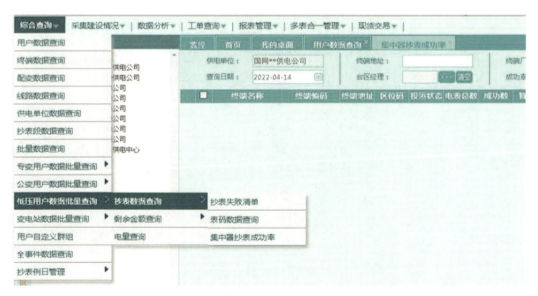

图 2-69　用采系统采集成功率核查界面图

针对手动更新后台区户表抄表成功率仍未达到 100% 的台区户表，需查询失败表计明细。具体操作路径为：统计查询→综合查询→低压用户数据批量查询→抄表成功率查询→抄表失败清单→选择"实时失败清单"。用采系统采集失败核查界面图如图 2-70 所示。

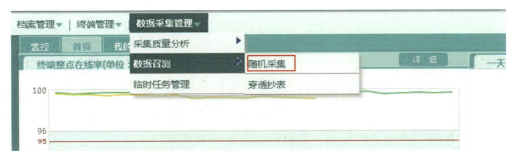

图 2-70　用采系统采集失败界面图

（2）开展失败表计数据补召。

具体操作路径：基础应用→数据采集管理→数据召测→随机采集。用采系统采集失败补召进入界面图如图 2-71 所示。

图 2-71　用采系统采集失败补召进入界面图

对于采集失败的表底进行补召，补召步骤如下：在随机采集中输入采集失败户表户号→选择"状态"栏绿色圆点前打"钩"→在总加组下面选择"用户号"后输入需补召数据的用户号→点击查找并选中用户→冻结和统计数据栏内选择电能示值"正向有功"→选择补召时间、冻结类型"日冻结"→点击"采集"，通过系统补召的数据最后在"营销"前打"钩"，并点击"保存"。用采系统采集失败补召界面图如图 2-72 所示。

图 2-72　用采系统采集失败补召界面图

针对人工更新集中器抄表成功率后，仍未达到 100% 的台区，应及时进行现场查明原因，并进行采集消缺。梳理故障频发的老旧采集设备，并淘汰更换，确保表底取数完整，保证同期线损系统日均采集成功率 100%。同期线损系统采集成功率核查界面图如图 2-73 所示。

图 2-73　同期线损系统采集成功率核查界面图

### 2. 反窃查违管控

班组充分利用用采系统台区体检模块异常数据监控功能，逐台分析线损波动原因。如低压户表错接线、存在波动电量用户、零电量用户等影响因素，推行"线上分析研判 + 线下精确打击"的反窃查违工作模式，倒逼台区经理开展高损台区现场窃电用户排查，堵塞跑冒滴漏发生。

用采系统台区体检模块异常数据监控操作路径：高级应用→线损分析→台区体检。用采系统台区体检界面图如图 2-74 所示。

图 2-74　用采系统台区体检进入界面图

　　台区体检查看异常台区类型路径：台区损耗明细→台区损耗异常类型明细→输入查询"日期"→选择"异常类别"需查询异常项目→依据异常类别选择"异常因素"和"异常子因素"→点击"查询"即可展示异常线损台区明细。用采系统台区体检界面图如图2-75所示。

图2-75　用采系统台区体检界面图

　　根据查询异常台区明细点击红色字体"体检报告"，如图2-76所示。

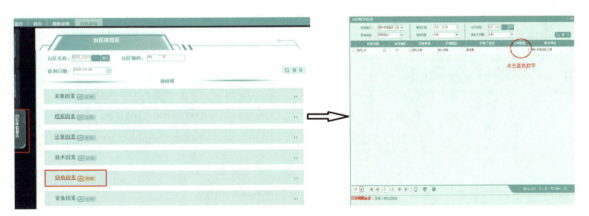

图2-76　用采系统台区体检核查界面图

　　进入台区体检区，点击红色字体"窃电因素"即可查询出异常用户数量，如图2-77所示。

图2-77　用采系统台区体检分析界面图

在台区体检异常记录界面直接点击蓝色"数字"即可查询出疑似窃电用户明细，如图 2-78 所示。

**图 2-78　用采系统台区体检异常明细图**

每天可依据系统排查疑似窃电台区、零电量用户明细，通过采集系统或同期线损系统分析可疑用户日、月度用电负荷情况，开展波动台区线损分析，缩小现场排查范围，提高台区线损治理工作效率。

**3. 台区基础档案管控**

定期开展台区营配贯通基础档案数据治理。一是结合用采集系统与同期线损系统日线损率，通过人工方式及时比对出两系统线损率不一致台区明细，通过开展台区营销与营配不一致计量点核查、整改，确保两系统户表档案一致，减少两个系统台区线损率差异；二是加强台区关口计量装置异常档案核查，及时对同期线损系统无台区关口计量点档案进行核查整改。台区基础档案管控如图 2-79 所示。

**图 2-79　台区基础档案管控图**

（1）低压计量点不一致分析流程。用采系统档案查询，具体操作路径：高级应用→线损分析→台区线损监控→日累计线损率→选择查询日期→点击"查询"→点击"导出全部"（见图 2-80）。

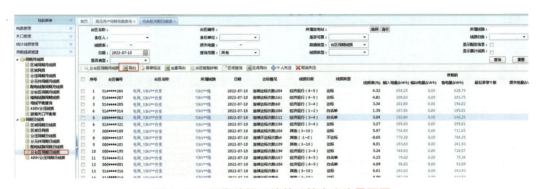

图 2-80　用采系统基础档案查询界面图

同期线损系统基础档案查询，具体操作路径：导航菜单→同期线损管理→同期日线损→分台区同期日线损→选择日期→查询范围选择"所有"→数据类型选择"台区同期线损"→点击查询后，选择"全量导出"台区明细（见图 2-81）。

图 2-81　同期线损系统基础档案查询界面图

之后对用电采集系统与同期线损系统台区低压档案明细进行数据比对。结合台区户表计量点比对情况，在同期线损系统逐台核查户表贯通档案异常数据，查询步骤：

第一步：进入同期线损系统分台区同期日线损界面→输入台区编号→查询日期→查询范围选择"所有"→点击"查询"（见图 2-82）。

第二步：分台区同期日线损→点击"台区名称"下蓝色字体台区名称→进入台区智能看板（见图 2-83）。

图 2-82　同期线损系统基础档案核查界面图

图 2-83 同期线损系统台区档案进入界面图

第三步：进入台区智能看板界面操作路径：档案异常→点击"查询"即可查询出有"有营销无营配"异常档案明细（见图 2-84）。

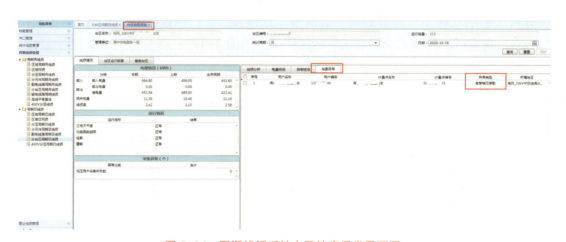

图 2-84 同期线损系统台区档案异常界面图

第四步：进入 SG186 系统核查异常户表箱表档案信息，具体操作路径：业务菜单→计量资产管理→库房管理→计量箱管理→计量箱箱表关系维护→输入"台区编号"→点击"查询"查找出有营销无营配异常户表档案（见图 2-85）。

图 2-85 SG186 系统台区档案界面图

第五步：进入 GIS 系统核查该户表贯通箱表关系是否正常，若在查询内容中输入用户表箱条码号后，查询无设备则显示该用户未进行营配档案贯通，需立即进行整改（见图 2-86），若核查 GIS 系统户表箱表关系贯通正常，则在 SG186 系统中对该户表计量点档案重新同步即可。

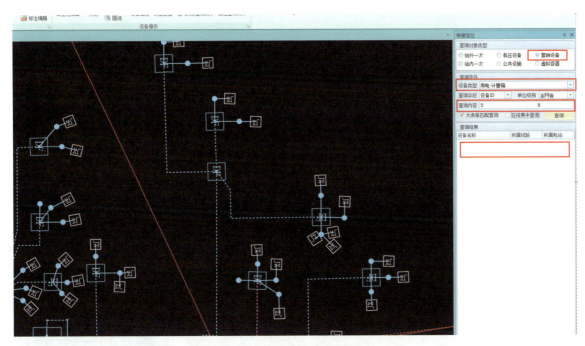

图 2-86　GIS 系统台区档案核查界面图

（2）台区关口计量配置异常分析流程。同期线损系统台区关口计量点未配置操作流程：

第一步：进入同期线损系统操作界面→导航菜单→关口管理→台区关口管理。

第二步：进入台区档案管理查询界面→"是否配置模型"下拉菜单选择"未配置"→在"查询范围"下拉菜单中选择"所有"，点击"查询"键，即可查询出未新增台区未配置的台区明细（见图 2-87）。

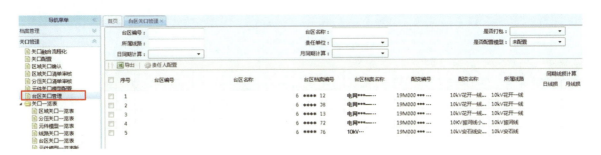

图 2-87　同期线损系统台区关口配置核查界面图

第三步：在 SG186 系统中按实际修正台区总表档案后，待系统自动同步即可。

台区关口贯通异常计量点查询比对方法及处理流程如图 2-88 所示。

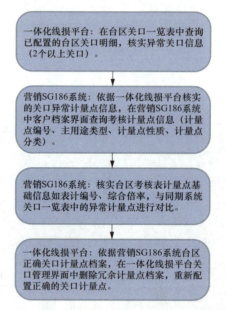

一体化线损平台：在台区关口一览表中查询已配置的台区关口明细，核实异常关口信息（2个以上关口）。

营销SG186系统：依据一体化线损平台核实的关口异常计量点信息，在营销SG186系统中客户档案界面查询考核计量点信息（计量点编号、主用途类型、计量点性质、计量点分类）。

营销SG186系统：核实台区考核表计量点基础信息如表计编号、综合倍率，与同期系统关口一览表中的异常计量点进行对比。

一体化线损平台：依据营销SG186系统台区正确关口计量点档案，在一体化线损平台关口管理界面中删除冗余计量点档案，重新配置正确的关口计量点。

图 2-88　贯通异常计量点查询比对方法及处理流程

台区关口贯通异常计量点查询比对方法如图 2-89 所示。

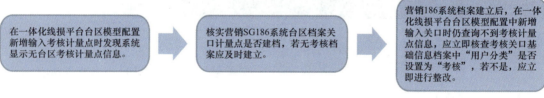

在一体化线损平台台区模型配置新增输入考核计量点时发现系统显示无台区考核计量点信息。

核实营销SG186系统台区档案关口计量点是否建档，若无考核档案应及时建立。

营销186系统档案建立后，在一体化线损平台台区模型配置中新增输入关口时仍查询不到考核计量点信息，应立即核查考核关口基础信息档案中"用户分类"是否设置为"考核"，若不是，应立即进行整改。

图 2-89　台区关口贯通异常计量点查询比对方法

# 第三章 配网线损管理相关信息系统应用

除了第二章中所述的在同期线损系统和用采系统对 10 kV 线路（台区）日（月）线损进行计算、统计外，10 kV 线路（台区）的理论线损治理、日常异常处理也是配网线损管理的重要内容。其中，常应用到的系统功能有理论线损计算、台区体检和同期线损助手。

## 第一节 同期线损系统理论线损应用

同期线损系统为理论线损的计算提供了非常优秀的平台。自动从 PMS 系统、GIS 系统、SG186 系统及用采系统同步设备档案信息、拓扑信息、箱表关系及运行数据等重要参数。在检查数据完整后自动进行理论线损计算及数据的透明化展示，有效提升了线损管理水平。本节将对理论线损计算的流程和部分异常处理进行说明。

### 一、理论线损计算的主要流程

10 kV 线路（台区）在新投、异动后需要将图形和档案信息接入同期线损系统，进行理论线损计算。主要流程为：在 PMS 系统申请异动流程→在 GIS 系统生成单线图→PMS 系统结束异动流程→同期线损系统生成模型→检查档案数据完整→接入运行数据→计算。理论线损工作流程图如图 3–1 所示。

### 二、理论线损计算的正常接入和计算

#### （一）发送源端档案参数及拓扑

通过 PMS 系统异动流程，导出 CIMSVG 文件。通过 GIS 系统单线图 / 台区图的更新发布流程更新图形。具体流程为：新建图形修改任务→改图形→完成修改后点击客户端"导出 CIMSVG"按钮→成功不报错后提交任务进行审核→审核通过后点击图形发布→完结任务。具体如下：

启动新的设备变更申请，如图 3–2 所示。

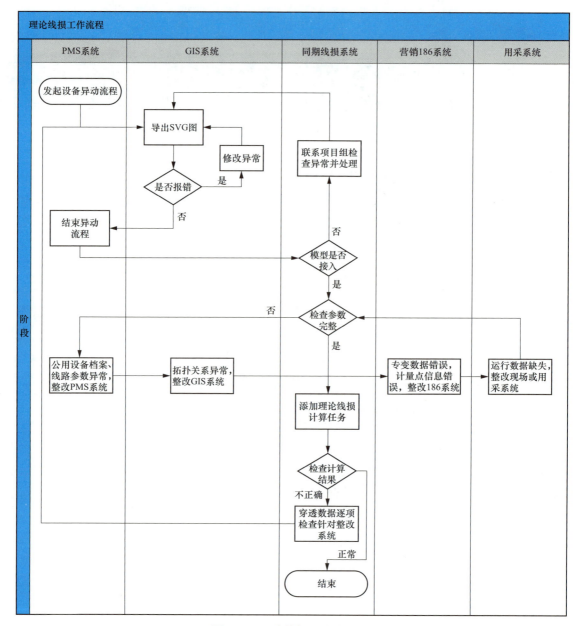

图 3-1　理论线损工作流程图

图 3-2　PMS 系统设备变更申请界面图

新建变更申请单，如图 3-3 所示。

图 3-3 PMS 系统新建设备变更申请单界面图

如果是对台区进行理论线损计算的话，在设备变更申请流程前还需要设置典型台区。在"台区档案"功能中，查询到对应台区，选择后点击"典型台区"。如图 3-4 所示。

图 3-4 同期线损系统典型台区的设置界面图

之后进入图形端对应任务，如图 3-5 所示。

定位设备，导出 CIMSVG 文件。具体路径：设备导航树→大馈线树→单线图→重新布局→保存→导出 CIMSVG。需要注意的是，10 kV 线路和柱上变压器可以在右侧菜单中直接右键，选择"生成单线图"，箱式变压器需要在图形上选中后右键才能选择"生成单线图"。GIS 系统线路单线图导出界面图如图 3-6 所示，GIS 系统台区单线图导出界面图如图 3-7 所示。若提示有错误，必须修改正确后重新导出，直到无异常提示。

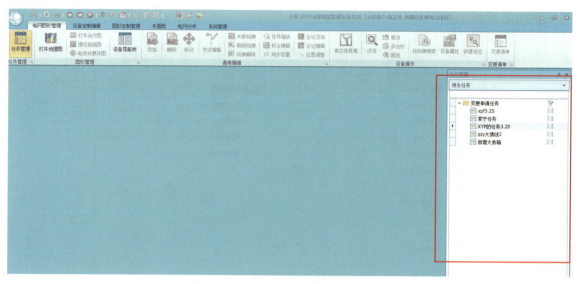

图 3-5　GIS 系统中进入对应任务界面图

图 3-6　GIS 系统线路单线图导出界面图

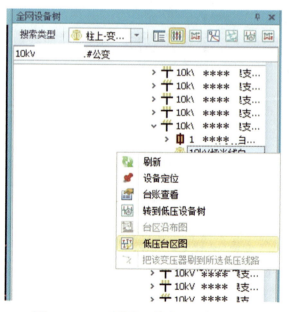

图 3-7　GIS 系统台区单线图导出界面图

### （二）系统生成新的 10 kV 线路（台区）理论模型

本阶段，同期线损系统将上一步中上传的 SVG 图形接入，并生成对应的理论线损模型。

路径：理论线损管理→配网理论线损模块→图形档案接入。按图 3-8 所示进行新的图形档案的接入与模型生成。注意，若对应线路参数在之前有过修改，并需要不覆盖修改后数据的话，此处的对于"是否保留数据"提示选择"保留"。对于台区，在台区模型维护处"生成模型"处选择"是"，若台区出现，则证明台区的模型正确接入。同期线损系统台区模型查看界面图如图 3-9 所示。

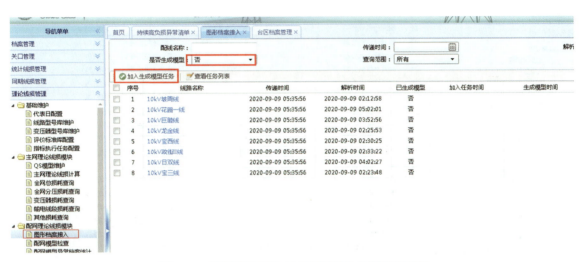

图 3-8　同期线损系统 10 kV 线路生成模型界面图

图 3-9　同期线损系统台区模型查看界面图

### （三）更新 10 kV 线路（台区）理论模型设备参数

若 10 kV 线路模型中对应的设备增加了新的变压器型号、线路型号，且该型号在变压器型号库、线路型号库中没有，则需要在同期线损率系统对相应型号及参数进行增加（修正）。这样同期线损系统才能把相应型号和其对应的参数相匹配。

路径：理论线损管理→基础维护→线路型号库维护（变压器型号库维护），点击"新增"（编辑），如图 3-10 所示。

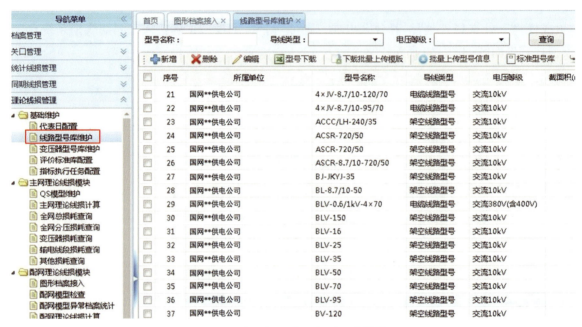

图 3-10　同期线损系统设备型号维护界面图

数量较多时，可以"下载批量上传模板"后点击"批量上传型号信息"进行批量上传，如图 3-11 所示。

图 3-11　同期线损系统批量新增设备型号参数

### （四）检查 10 kV 线路（台区）理论模型参数

系统检测参数完整后，表示该线路"可算"，才能对线路理论线损进行计算。

（1）常规参数检查方法。路径 1：理论线损管理→配网理论线损模块→配网模型检查；可以直接选中所有线路后点击"检查数据"对所有数据进行检查，也可以单独对各项数据分别检查，如图 3-12 和图 3-13 所示。台区理论线损检查同理。

图 3-12 同期线损系统线路理论模型检查

图 3-13 同期线损系统台区理论模型检查

（2）可以通过添加任务进行模型检查。路径 2：理论线损管理→基础维护→指标执行任务配置，如图 3-14 所示。

图 3-14 同期线损系统理论线损添加模型检查任务

未显示为"完整"数据均为异常数据。需要对数据进行整改，整改方法见本节中"三、线路理论线损异常处理"。

### （五）10 kV 线路（台区）理论线损数据计算

数据参数均完整后，对理论线损数据进行计算。

操作路径：理论线损管理→配网理论线损模块→配网理论线损计算。可以对单个线路进行计算，也可以批量进行多条线路计算。计算完成后即可查询结果。同期线损系统 10 kV 线路理论线损计算如图 3-15 所示，同期线损系统台区理论线损计算如图 3-16 所示，同期线损系统理论线损计算任务添加示意如图 3-17 所示。

图 3-15　同期线损系统 10 kV 线路理论线损计算

图 3-16　同期线损系统台区理论线损计算

图 3-17　同期线损系统理论线损计算任务添加示意

## 三、理论线损模型异常处理

理论线损模型的接入、档案模型的匹配等均有可能出现异常，导致理论线损不可算。异常的治理是配网理论线损治理的重要工作。本节将对各种常见的理论线损模型异常的治理进行说明。由于 10 kV 线路、台区理论线损计算在异常治理方面差异不大，本节主要以 10 kV 线路为例做异常治理的说明，对台区和 10 kV 线路理论线损治理的不同之处进行说明。

### （一）图形档案无法接入

若多次导出 SVG 图形成功后，同期线损系统仍无法接入 10 kV 线路模型，则表示图形档案接入失败。检查和处理主要从两个方面进行。

（1）线路在 PMS 台账端关联大馈线 ID 缺失。以 10 kV ×× 线为例，该线路多次推送成功，但一直无法进入同期线损系统理论线损模块，经查，发现 PMS 台账中关联大馈线 ID 为空。而图形端该线路大馈线是有设备 ID 的，PMS 台账中关联大馈线 ID 为空是导致该线路图模未推送进入同期线损系统理论线损模块的主要原因。10 kV ×× 线关联大馈线 ID 为空界面图如图 3-18 所示。

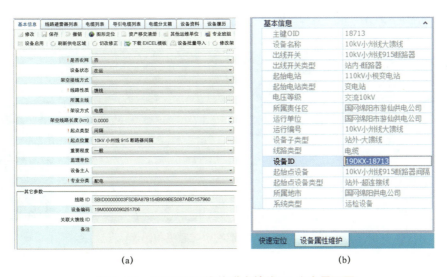

(a)　　　　　　　　　　　　　　　(b)

图 3-18　10 kV XX 线关联大馈线 ID 为空界面图
（a）PMS 系统图；（b）GIS 系统图

（2）PMS 台账端关联大馈线 ID 错误。以 10 kV ×× 线为例，经过检查，发现 PMS 台账中 10 线 ID 为 19 DKX-11109，而图形端该线路大馈线设备 ID 是 19 DKX-10921，关联 ID 错误是导致 10 kV ×× 线图模未推送进入同期线损系统理论线损模块的主要原因。10 kV ×× 线关联大馈线 ID 不一致界面图如图 3-19 所示。

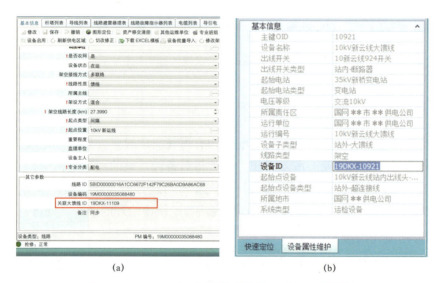

（a）　　　　　　　　　　　　（b）

**图 3-19　10 kV XX 线关联大馈线 ID 不一致界面图**
（a）PMS 系统图；（b）GIS 系统图

异常处理方法：

报送智能运检支撑平台，提交 PMS 项目组进行处理。按要求的 Excel 表格作为报送附件，在里面填写线路的情况。之后登录 PMS 系统的运检智能支撑平台，将相关问题进行登记，上传附件并发送，待项目组后台刷新维护正确后，再次推送图模即可正常进入系统。PMS 系统中问题提报图示如图 3-20 所示。

**图 3-20　PMS 系统中问题提报图示**

### （二）10 kV 线路无起始开关

线路起始开关档案正确需满足条件：线路在 PMS 台账端有起点类型、起点电站、起点位置和起点开关编号，且匹配正确；线损对应馈线在 GIS 系统图形端存在出线开关、起始电站、起点设备等信息，且所属大馈线正确；线路在同期线损系统中存在起点为"是"。同期线损系统中 10 kV 线路起始开关缺失图示如图 3-21 所示，10 kV ×× 线路档案中起始开关情况如图 3-22 所示。

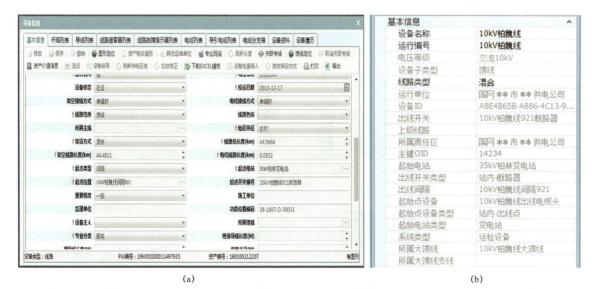

图 3-21　线路档案中起始开关情况图示

图 3-22　10 kV ×× 线档案中起始开关情况

（a）PMS 系统图；（b）GIS 系统图

### 1. 馈线所属大馈线对应错误

遇到起点为"否"的线路，首先要在 PMS 系统中检查对应档案是否存在问题，如有错误，需进行更正。目前问题主要分为两类，一是馈线所属大馈线对应错误。例如，10 kV ×× 西线在同期线损系统存在起点为"否"，进入公用变压器和高压用户的模块，发现图形档案显示的是 10 kV ×× 东线的设备，而线损系统档案显示的却是 10 kV ×× 西线的用户。

进一步核查 PMS 线路台账和 GIS 图形端。发现 GIS 中 ×× 西线馈线所属大馈线为 ×× 东线，这就是造成起点开关为否，以及图形档案和线损系统档案不一致的原因。10 kV ×× 西线系统中档案情况界面图如图 3-23 所示。

(a)                                                (b)

**图 3-23　10 kV ×× 西线系统中档案情况界面图**
（a）PMS 系统图；（b）GIS 系统图

处理方法：在 PMS 系统中辅助工具处登录智能运检支撑平台，将问题进行登记，报送相应项目组处理。异常问题提报图示如图 3-24 所示。

**图 3-24　异常问题提报图示**

流程结束后，再次进入 GIS 系统，确认所属大馈线已正确后，在 PMS 系统再次新建流程导出 SVG 图即可。也可在 GIS 系统中对该线路上所有设备逐一检查，看其所属大馈线有无缺失，或是否存在关联错误的情况。将错误设备进行清理和更新，清理完毕后，重新生成单线图推送也同样可解决该异常造成的存在起点为否的问题。

## 2. 线路"起始开关"信息缺失

若检查所属大馈线完全完全正确，但线路起点依然为"否"。建议首先在同期线损系统"线路档案管理"中，查看该线路"起始开关"是否缺失信息。如果缺失，则填报新增设备，报送同期项目组进行增加，再在 GIS 系统进行线路检查更新，导出 SVG 图。档案缺失起始开关图示如图 3-25 所示。

图 3-25　档案缺失起始开关图示

若线路档案中显示并不缺失起始开关，但起点仍然为"否"，则有可能存在图形异常，需要在 GIS 图形端对站外超链接线与起始开关进行重新关联，并重新推送线路图模。若还不能解决异常，则建议对该线路进行更新再推送线路图模。线路关联图示如图 3-26 所示。

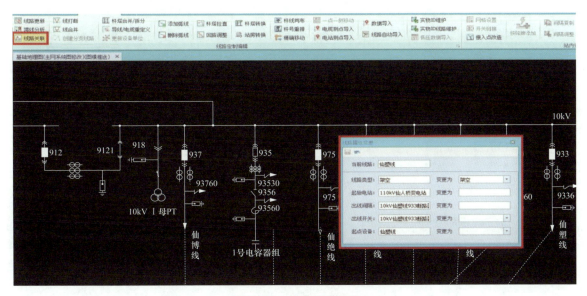

图 3-26　线路关联图示

## （三）档案参数不完整

在"配电网模型检查"处若出现档案参数为"不完整"，则点击"不完整"，查询不完整明细，整改源端系统。设备档案参数不完整示例如图 3-27 所示。

另外，对于因型号没有导致参数缺失的，需要在变压器/线路型号维护中进行添加。在更新后，需要重新进行数据检查。操作方法参考本节中"二、理论线损计算的正常接入和计算"中的说明。

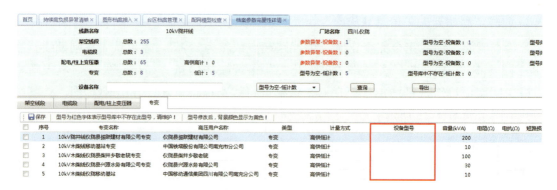

图 3-27　设备档案参数不完整示例

## （四）拓扑不完整

在"配网模型检查"处若出现拓扑为"不完整（环网）"，则点击"不完整（环网）"查看异常原因，依据此整改 GIS 系统。拓扑不完整示例如图 3-28 所示。

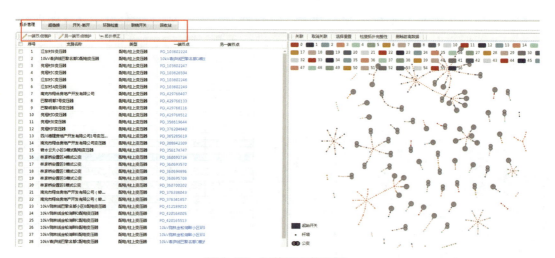

图 3-28　拓扑不完整示例

## （五）运行数据缺失

在"配网模型检查"处若出现运行数据为"不完整"，则选中对应线路，点击"运行数据详情"，查看具体缺失数据情况。运行数据不完整示例如图 3-29 所示。

图 3-29　运行数据不完整示例

运行数据详情如图 3-30 所示，分为电量数据和电压数据。

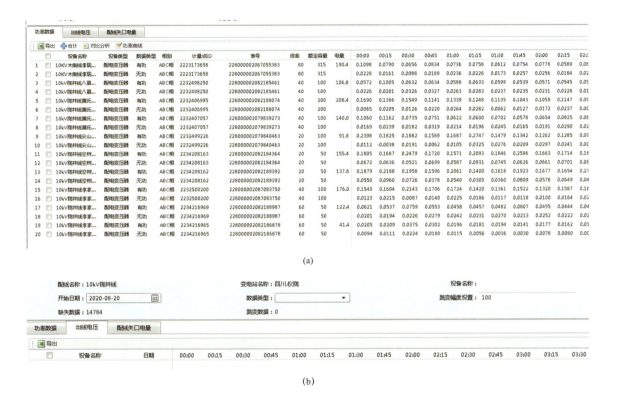

（a）

（b）

**图 3-30　运行数据示例**
（a）电量数据；（b）电压数据

（1）若为功率数据缺失，则检查采集系统数据情况，若用采无，则报营销专业处理。若采集系统数据完善，对于电量数据的缺失，则报项目组处理。

（2）若电压数据缺失，则按如下方法处理。

在实际处理之前，核查该计量点在用采系统中代表日当天的电压数据是否完整（用采系统中：统计查询－综合查询－用户数据查询－电压曲线，如图 3-31），如果不完整的话，需要先处理采集异常。

**图 3-31　计量点用采系统中"电压数据"情况**

1）检查线路起始开关档案是否完整。检查和治理情况按本节第二点"10 kV 线路无起始开关"中说明操作。

2）检查"起始开关"对应计量点情况。在治理完"起始开关"缺失异常（或检查确认"起始开关"正常）后，需要检查对应开关的计量是否完整。对应计量完整需要两个条件，一是要有对应的计量点；二是对应计量点的电压互感器信息完整。

检查开关对应计量点。在同期系统线路档案处直接点击所查询线路的"起始开关"，则可以看到对应开关勾稽计量点的情况。具体操作如图 3-32 和图 3-33 所示。

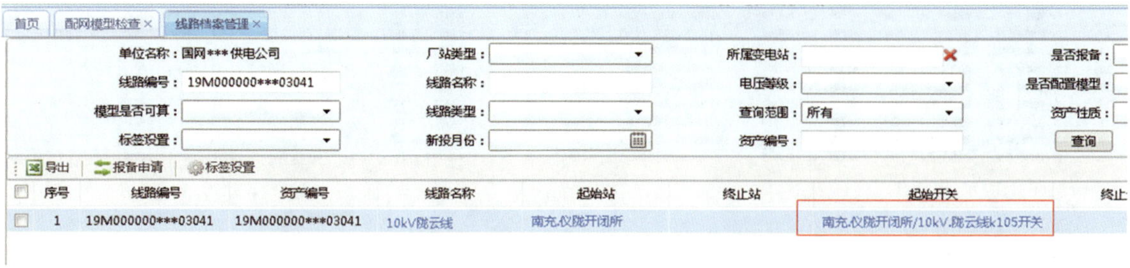

图 3-32　检查计量点时点击对应的"起始开关"

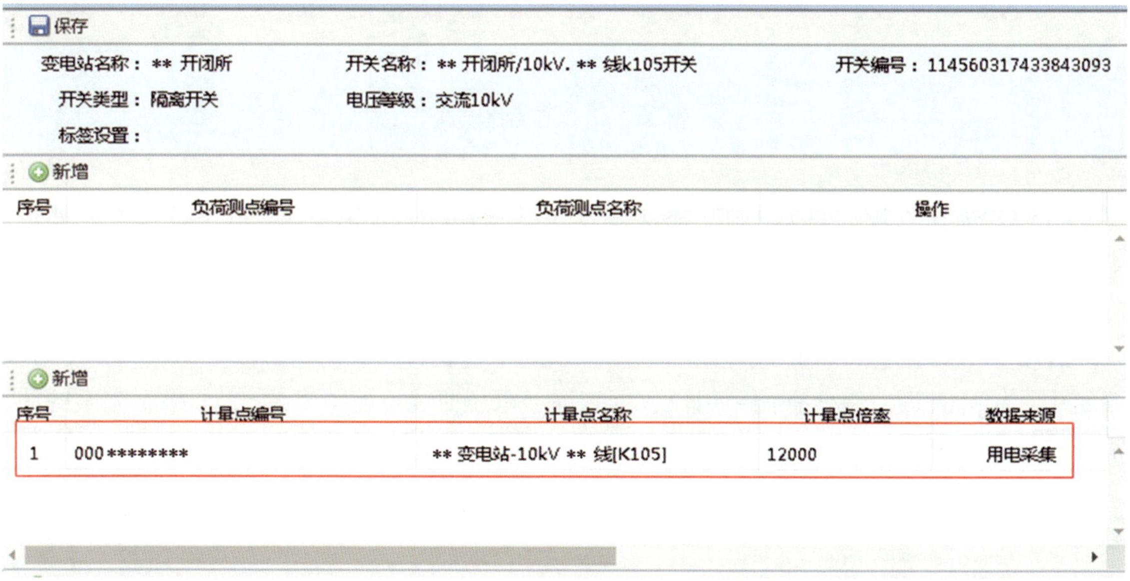

图 3-33　检查对应的开关计量点的勾稽情况

在治理完计量点未勾稽异常（或检查对应开关计量点勾稽正常）后，若理论线损"电压数据"仍然缺失，则需要同步对应计量点的电压互感器信息。第一步，联系本地同期项目组，找到对应开关的 it_id（其中，it_id 是找到对应开关 d_it 表的关键字段）。第二步，联系营销数据平台项目组，重新同步对应开关 it_id 的电压互感器表（d_it）信息。d_it 表中的 it_id 字段如图 3-34 所示。

图 3-34　d_it 表中的 it_id 字段

此时，待新数据同步后"电压数据缺失"异常会恢复正常。若还有异常，则按 3）进行处理。

3）同步终端数据。若起始开关正确、勾稽正确且同步了互感器信息后仍然存在"电压数据缺失"，就说明对应 SG186 系统档案有异常，需要同步数据。在 SG186 系统中"采集管理 – 采集终端安装 – 非流程终端建档"处选择对应终端档案，再点击"同步终端档案"。同步成功后，下一个计算日会进入计算，恢复正常。具体操作如图 3-35 和图 3-36 所示。

图 3-35　SG186 系统中同步档案具体路径

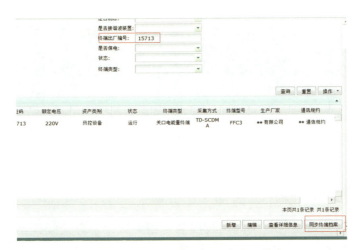

图 3-36　SG186 系统中同步终端档案

经过上述三个步骤后，配线理论线损中"电压数据缺失"异常即处理完成。

**（六）匹配关系不完整**

在"配网模型检查"处若出现匹配关系为"不完全对应"（见图3-37），则点击模型数的绿色数字进入明细，选择用户相互对应的图形档案和系统档案，点击"关联"即可（见图3-38）。

图 3-37　用户匹配不完全示例

图 3-38　用户匹配不完全治理示例

若"高压用户数量"及"公用变压器数量"处的"匹配模型"与"档案"数字不相等，则说明匹配不完全。

## 第二节　线损助手

### 一、线损助手应用介绍

为方便线损管理人员随时查询同期线损系统相关数据，方便线损治理，辅助线损治理人员现场问题分析排查，提高工作效率，同期线损系统项目组开发了线损助手应用。相关管理人员可使用移动手机终端安装线损助手应用。目前线损助手应用包含指标看板、线路管家、台区经理、所长助理、工单管理、使用监测六个功能模块。

　　线损助手（外网）已上线，若未配置内网移动手机终端，可扫描二维码下载 i 国网应用，并在 i 国网中查询添加线损助手。目前线损助手（外网）的主要功能是提供省、市、县级线损指标与复工复产数据查看。i 国网下载图示如图 3-39 所示。

图 3-39　i 国网下载图示

## 二、线损助手使用说明

### （一）线损助手应用安装

　　使用移动手机终端连接移动网络，在应用商店内搜索线损助手并下载安装。内网手机下载图示如图 3-40 所示。

图 3-40　内网手机下载 App 图示

打开手持移动终端，找到"VPN 客户端"。进入 VPN 客户端，完成移动网络连接，保证网络状态为已连接。在移动手机终端主界面找到并打开"MIP 移动商店"。进入移动商店后使用内网账号密码进行登录，在移动商店右上角搜索应用界面搜索"线损助手"。点击进入搜索出来的线损助手应用下方安装按钮，手机会自动下载并进行安装。内网手机下载线损助手 App 图示如图 3-41 所示。

图 3-41　内网手机下载线损助手 App 图示

**（二）线损助手的使用**

打开线损助手，点击网络配置。根据不同地区部署情况配置网络参数。保存网络配置，点击连接测试，提示连接测试成功后，点击左上角白色"<"符号返回登录界面。在登录界面点击采用账号密码登录。

账号查询方法：进入同期线损系统后"用户名"对应右上角系统括号内的数字为账号，密码为同期线损系统密码。输入账户密码后，点击登录进入线损助手。线损助手 App 中的端口设置图示如图 3-42 所示。

**（三）使用时长指标查看**

进入线损助手，点击指标看板；进入指标看板后下拉页面并点击进入 App 使用时长监测；在上方统计周期中选择需要查看的月份；在下方当月各应用 App 使用情况概览中选择按总时长统计，可以查看当月各应用使用时长。时长指标查看如图 3-43 所示。

图 3-42　线损助手 App 中的端口设置图示

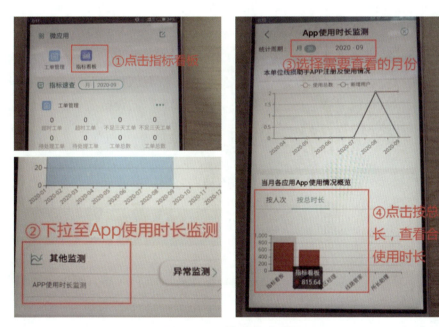

图 3-43　时长指标查看图示

## 三、线损助手功能简介

### （一）指标看板

可以显示当前用户所属单位以及其下级单位的电量与线损监测分析、同期线损管理和辅助决策等。

**1. 辅助决策——首页**

辅助决策模块展示了本单位当前年份的分线线损合格率、分台区线损合格率、异常检测和使用时长的功能。

**2. 模型配置**

模型配置可以查看当前展示单位的游离关口平衡率、分级线损模型一致率和分区分压线损模型一致率。

**3. 线损监测**

线损监测可以查看所属单位下的 10 kV 线路监测分析和台区监测分析。

**4. 同期线损管理**

同期线损管理可以按照分区域和分压两种方式查看线损情况。分区域同期线损管理展示当前单位及下级单位的分区域同期线损情况和电量明细。分压同期线损管理展示对应单位及下级单位的分压同期线损情况和电量明细。

**（二）所长助理**

目前所长助理模块的相关业务，具体功能包括首页（台区 / 线路业绩排名）、异常监测、人员管理等功能。

**1. 首页（台区 / 线路业绩排名）**

业绩排名：可以查看线路、台区、经理的排名情况。"台区排名"展示台区同期线损达标率和百分比，可以按全国、省、市、县排名。"线路排名"同台区一样展示列表，向下滑动列表到经理排名，显示姓名、总数、达标率、排名。

**2. 异常监测**

异常监测具有将所有异常信息展示到界面的功能，用户可通过选择不同的日期进行查看不同日期异常数据。主要包括档案异常监测、线损异常监测、采集异常监测和模型异常监测。也可以根据时间展示线路、台区的异常信息。

**3. 人员管理**

展示线路管家和台区经理名单，点击线路管家姓名跳转到线路管家的个人页面，点击台区经理姓名跳转到台区经理的个人页面。

**（三）台区经理**

线损助手台区经理模块包括首页（台区信息）、台区详情、台区下用户、异常监测、业绩看板等功能。主要具有显示当前责任人的台区总数、台区达标数、台区未达标数、展示达标率和近 30 天或者 12 个月达标率波动曲线，进行线损异常监测等功能。也可以针对具体台区查看电量明细。

**（四）线路管家**

线路管家具体功能包括线路信息、线路线损率监测、线路用户、异常监测、业绩看板等功能。具有展示当前责任人的线路总数、线路达标数、线路未达标数、达标率和近30天或者12个月达标率波动曲线，线损异常监测、采集异常检测、档案异常监测、模型异常监测的数量，当前责任人关注的线路列表，线路搜索等功能。也可以对相应的线路打标签，进行零供分析、零售分析、拟算线损率等。

**（五）工单管理**

工单管理具体功能包括工单生成和派发、工单接收、工单处理等。

### 四、线损助手使用注意事项

在台区经理、线路管家和所长助理模块方面，存在部分用户的账号、对应的手机号或者单位与实际不一致的问题。处理方法为：登录线损助手之后，先到如图3-44所示的个人中心再到"修改个人信息"中将"线损助手账号信息"的单位和手机号为实际的单位和手机号，这样后就能在"微应用"界面展示用户所对应权限的微应用。

图3-44　个人信息维护图示

## 第三节　用采系统台区体检平台

利用用采系统台区线损体检功能，可以实现台区线损异常数据的主动上报。利用该功能对异常波动台区线损原因进行分析，实现台区异常数据精准分析、展示台区监控信息等功能。通过系统分析数据准确查找台区异常原因，达到异常精准治理，提高台区线损管理水平的成效。

## 一、体检平台应用流程

台区体检功能流程图如图 3-45 所示。

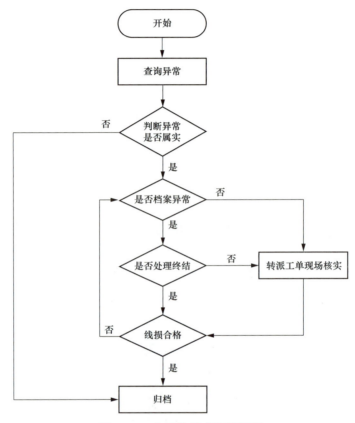

图 3-45　台区体检功能流程图

## 二、台区体检平台功能应用

用采系统台区体检功能主要从采集、档案、计量三个方面进行台区异常的监测。

### （一）采集异常监测

主要展示台区计量户表覆盖率和采集失败两大类异常，包括台区下无电能表、台区下无总表、采集覆盖率超过 100%、终端不在线等相关数据。

（1）操作说明：进入系统操作页面→采集覆盖率监测

点击高级应用，进入高级应用界面，台区线损分析→台区体检，选择查询日期、节点名称，查询台区异常因素归类，系统将展示台区采集因素的异常台数统计。台区采集因素异常的统计图示如图 3-46 所示。

（2）采集因素查询统计信息。查询条件分为：覆盖率超过 100%、台区无电能表、台区无总表、台区无户表、营销在途电能表。台区采集因素分类查询图示如图 3-47 所示。

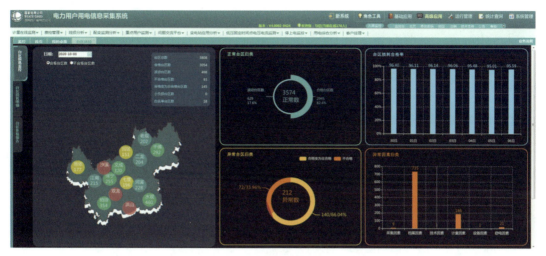

图 3-46　台区采集因素异常的统计图示

图 3-47　台区采集因素分类查询图示

例如，台区覆盖率大于 100% 的查询方法。在台区体验模块界面，选择异常类别中采集因素→异常因素中采集覆盖率→异常子因素中选择"覆盖率超 100%"，点击查询，即可查看覆盖率超 100% 的异常台区明细。采集覆盖率超 100% 的异常台区查询如图 3-48 所示。

图 3-48　采集覆盖率超 100% 的异常台区查询图示

依据查询出的异常子因素中覆盖率大于 100% 台区用户明细，核实判定各台区覆盖率是否与体检台区一致。采集覆盖率超 100% 的异常台区核实如图 3-49 所示。

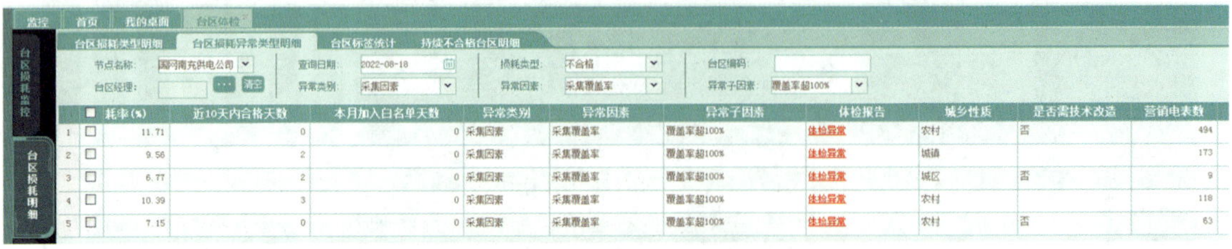

图 3-49  采集覆盖率超 100% 的异常台区图示

根据选择的覆盖率大于 100% 台区点击台区体检异常，界面直接跳转进入台区体验报告，台区人员可根据异常提示进行档案整改。采集覆盖率超 100% 的异常台区核实如图 3-50 所示。

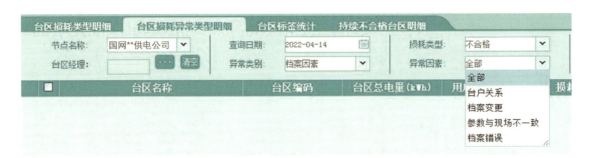

图 3-50  采集覆盖率超 100% 的异常台区图示

**（二）档案异常监测**

主要展示台区公用变压器台区下台户关系、档案变更、参数与现场不一致等相关数据。

（1）操作说明：进入操作页面→档案因素。

在异常类别中选择异常类别→异常因素→异常子因素，系统将展示台区损耗档案因素的统计明细。台区档案因素分类查询图示如图 3-51 所示。

图 3-51  台区档案因素分类查询图示

（2）档案因素查询统计信息。按档案因素和子因素，查询可分为如下几类：台户关系（子因素：公用变压器用户下挂接专用变压器、台区下挂多考核表、一个终端下多台区、台户关系变更、台户关系识别），档案变更（子因素：换表在途流程、业扩新装在途流程），参数与现场不一致（子因素：端口号不一致、波特率不一致、变比不一致、电能表通信地址不一致），档案错误（子因素：客户类型准确性、台区状态为非运行、办公用电用户标识错误）。

（3）档案因素明细查询。进入系统异常数据损耗明细查询模块界面，根据需查询类别在异常子因素中选择查询异常明细，然后点击查询，即可查询出终端档案异常台区明细。如办公用电用户标识错误，如图3-52所示。

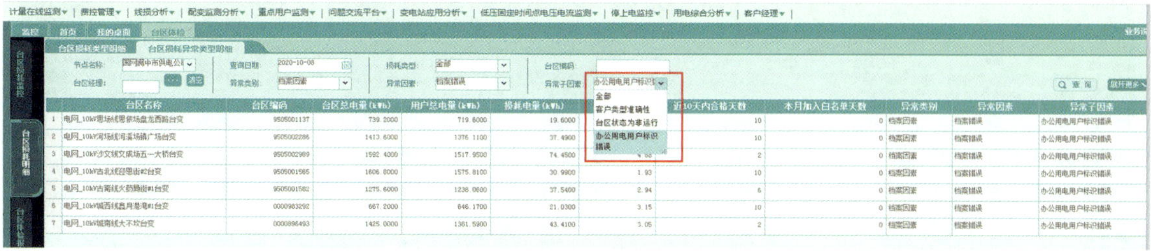

图3-52 档案因素异常台区查询示例

在台区体验报告中点击档案因素异常，系统会自动弹出台区异常体检记录，可以直接查询异常数据。点击"蓝色"数字，系统会自动跳转，进入异常数据具体分析界面，可查询出台区异常档案用户明细，如图3-53所示。

图3-53 台区异常档案用户明细示例

**（三）计量异常监测**

主要展示计量方面因素导致的台区线损异常，包括接线错误、采集质量异常、时钟异常等相关数据。

（1）操作说明：进入操作页面→计量因素。在异常类别中选择异常类别、异常因素、异常子因素后，系统将展示台区计量因素的异常台数统计。台区计量因素的异常台数统计图示如图3-54所示。

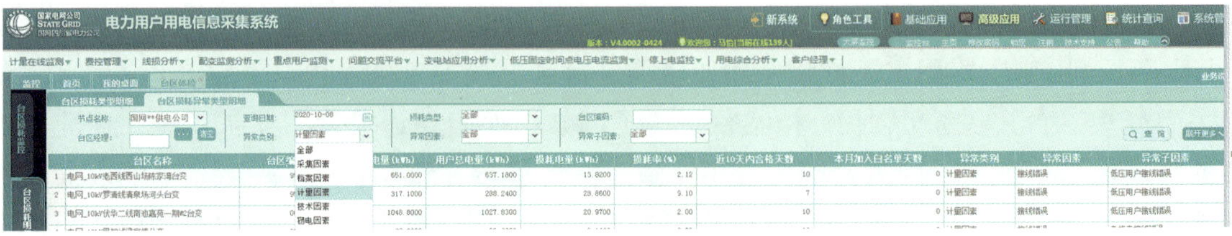

图 3-54　台区计量因素的异常台数统计图示

（2）计量因素查询统计信息。查询类别可分为接线错误、电量异常、时钟异常（终端时钟异常、电能表时钟异常），如图 3-55 所示。

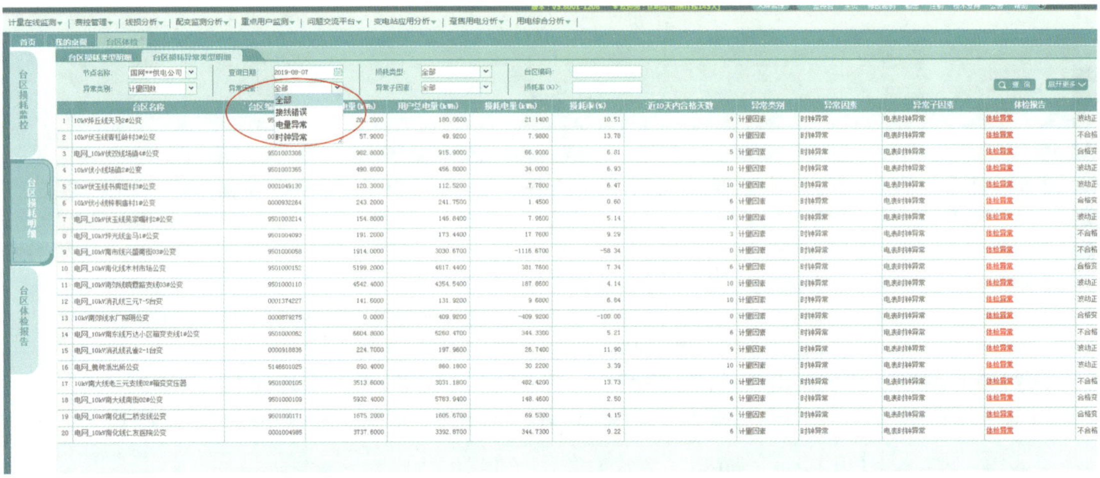

图 3-55　台区计量因素异常的分类图示

（3）计量因素的明细查询。以时钟异常为例：在台区体检模块界面，选择异常类别中计量因素→时钟异常→全部，点击查询，即可查询出异常台区明细，如图 3-56 所示。

图 3-56　台区计量因素异常的查询图示

根据选择的技术因素异常台区点击体检异常，系统会直接跳转进入台区体检报告，台区人员可根据异常提示进行核实，如图3-57所示。

**图3-57  台区计量因素异常的体检报告核实图示**

　　点击"橙色"异常子因素，界面会直接跳转进入台区体检异常记录，展示出异常表计信息。台区人员可点击"蓝色"异常数字，系统会自动进入核实表计历史数据明细界面，如图3-58所示。

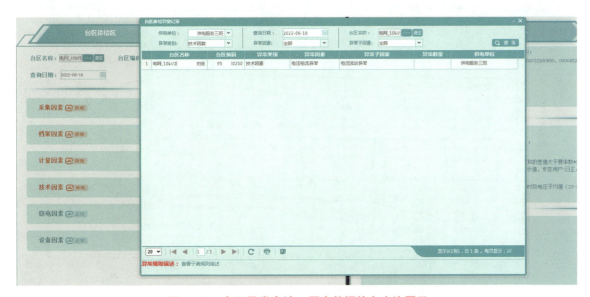

**图3-58  台区异常表计、历史数据信息查询图示**

# 第四章 10 kV 线路线损率异常治理案例

## 第一节 档案因素

档案异常是影响线路线损率的较常见因素之一，治理难度较低。在发现线路线损率异常时，一般优先分析是否存在档案异常的问题。档案异常主要包括设备新投异动不规范、线变关系异常、设备档案类型异常、表计档案异常等。

### 一、异常类型：线变关系错误

#### 案例1：线路负荷切改造成线变关系异常

**线路名称：** 10 kV 春度线

**基本情况：** 从 2020 年 8 月 28 日起，10 kV 春度线日线损率在 14%~40% 之间（见图 4-1）。

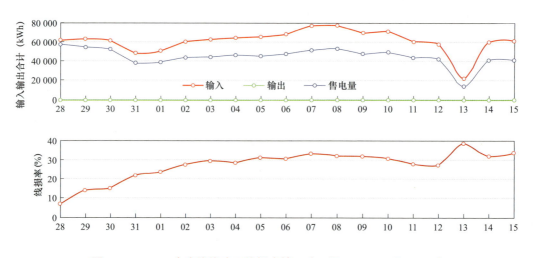

图 4-1　10 kV 春度线线路日线损率情况（8 月 28 日 ~9 月 15 日）

**初步核查：** 怀疑新投专用变压器未参与同期计算。2020 年 8 月 29 日，在 10 kV 春度线 T 接的专用变压器用户 ** 中学通电，为了不耽误 9 月 1 日 ** 中学开学，在 SG186 系统中业扩流程并未完成的情况下，提前为 ** 中学送电。因此，** 中学的电量未参与同期系统计算，导致 10 kV 春度线高损。SG186 系统中业扩流程在 2020 年 9 月 24 日完成，9 月 27 日进入同期系统参与计算。但在档案进入同期系统之后，发现线路线损率仍然异常。

**异常分析：** 在 10 月 12 日，运检、营销专业线损管理人员在现场对表计进行校验。检查后发现，在 10 kV 春度线和 10 kV 春西二线之间存在停电自动切换开关。在 T 接 \*\* 中学时，10 kV 春西二线停电，将部分负荷自动切换到 10 kV 春度线上。但春西二线恢复供电后，本属于春西二线的部分用户仍在春度线上用电，所以造成 10 kV 春度线高损。

**治理结果：** 按现场实际情况将部分用户档案调整到春西二线后，春度线线损率恢复正常。

**案例 2：用户档案未接入**

**线路名称：** 10 kV 花园一线

**基本情况：** 该线路为城网线路，线路全长 7.48 km，下接公用台区 3 台，专用变压器 29 台。该线路自 2020 年 12 月 23 日后线损率明显增长（见图 4-2），在此前该线路日线损率均稳定在 5% 左右。

**图 4-2　该线路日线损率情况（2020 年 12 月 22 日~2021 年 1 月 9 日）**

**初步核查：** 开展现场核查，确认用采系统户表档案、互感器倍率均与实际一致，现场表计封印正常。公用变压器、专用变压器采集成功率长期保持在 100%，输入关口电量日均在 2.1 万 kWh 左右，且上级 110 kV 火花变电站 10 kV 母线线损率在 1% 以内。初步排除窃电及配电线路考核表计量异常的问题。初步怀疑为南充 \*\* 置业有限公司新开发的"凤垭华庭"房地产项目私自投运。

**现场检查：** 12 月 29 日，再次开展现场核查。经了解，开发商人员误以为"已经验收合格，只要有信号覆盖就可以合闸用电"。随即合闸开始进行消防、供水、电梯等调试工作。经过测算截至 12 月 29 日用户已经使用电量 1.04 万 kWh。相关档案情况如图 4-3 所示。

**治理成效：** 业扩人员对相关政策进行解释，同时，计量班人员现场测量信号满足用电信息采集要求后，对采集进行调试，完成业扩报装档案归档和采集系统调试。通过及时对该用户进行档案归档和采集系统调试，该用户电量计算正常，所属线路日线损率恢复至异常前的 5% 左右且长期保持稳定状态，如图 4-4 所示。

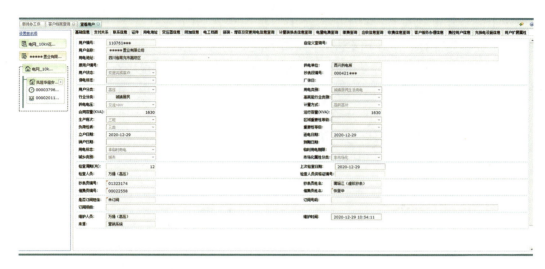

图 4-3　异常用户电量及档案情况

图 4-4　该线路治理后线损率情况

## 二、异常类型：变压器档案异常

### 案例 3：变压器档案类型错误

**线路名称：**10 kV 永武线

**基本情况：**2020 年 10 月 24 日，10 kV 永武线路日线损率突然提高至 8.25% 左右（见

图 4-5），损失电量增加约 1000 kWh，线损率异常。

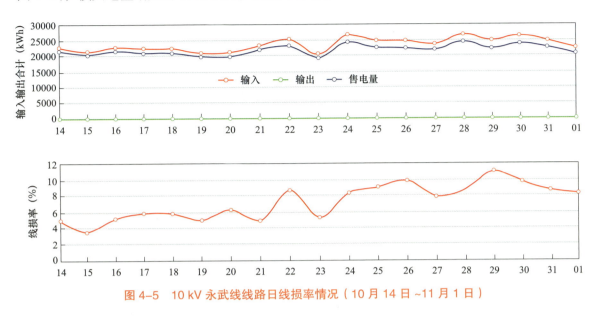

图 4-5    10 kV 永武线线路日线损率情况（10 月 14 日 ~11 月 1 日）

**初步核查：** 该线路线损率长期在 3%~5% 之间。查看输入输出电量，发现输入电量从 24 日起，日均增加 1000~2000 kWh，售电量同比无增加，因 2020 年 4 月起，该线路新增专用变压器用户较多，初步判断存在新增客户档案异常。

**异常分析：** 开展线变关系现场核查，发现 10 月 24 日起，** 集团有限公司所属两台专用变压器（台区编号为 110***6709、110***6897）开始起用，但在同期系统显示为 0 电量。分析线损高的原因为该用户在同期线损未计算电量。核实采集系统，发现该用户表计计量正常，应是系统档案异常导致用户电量无法同步到同期系统。

经核实 SG186 系统发现，上述两台专用变压器采集用户类型为"居民"（见图 4-6），实际应该属于"大型专用变压器"。

图 4-6    对 SG186 系统该用户档案进行维护

**治理成效**：通过系统档案维护将两台专用变压器采集用户类型更正为"大型专用变压器"后，同期系统中该用户电量开始正常计量（由于将前几日未计量的电量一并计入 5 日，导致当日线损率为负），11 月 6 日后 10 kV 永武线日线损率正常，如图 4-7 所示。

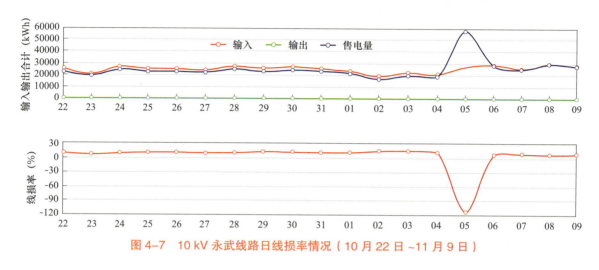

图 4-7　10 kV 永武线路日线损率情况（10 月 22 日～11 月 9 日）

**案例 4：变压器档案未同步**

**线路名称**：10 kV 东窑线

**基本情况**：2021 年 3 月 2 日，10 kV 东窑线日线损率突然升高至 19.13% 左右（见图 4-8），损失电量增加 700 kWh 左右，严重异常。

**初步核查**：该线路线损率长期在 6% 左右。查看输入输出电量，发现输入电量在 3 月 2 日增加 700 kWh 左右，售电量同比无增加，初步判断存在新增客户档案异常。

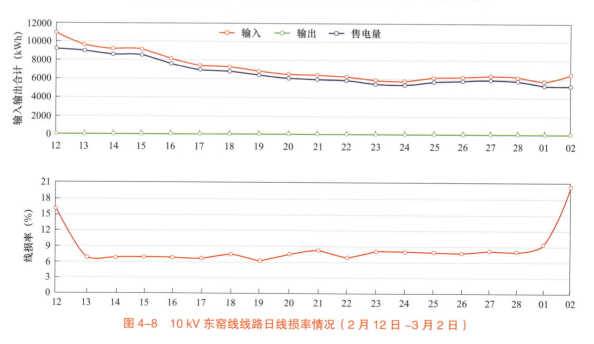

图 4-8　10 kV 东窑线线路日线损率情况（2 月 12 日～3 月 2 日）

异常分析：开展线变关系现场核查，发现该线路下有一专用变压器新投。怀疑线损高的原因为该用户在同期线损线路档案未同步，造成售电量少计。通过核实 SG186 系统、采集系统和同期系统变压器档案（见图 4-9~ 图 4-11），发现该用户档案完整、表计计量正常，初步判断是系统档案异常导致用户电量无法同步到同期系统（见图 4-12）。

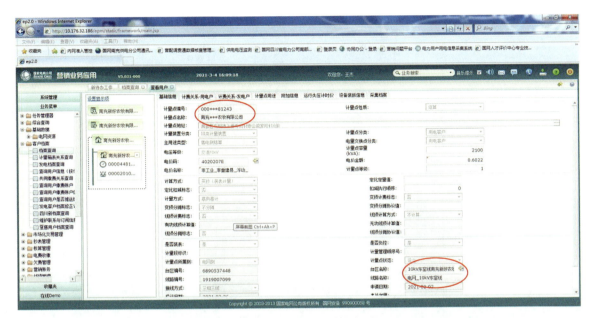

图 4-9　SG186 系统该用户档案

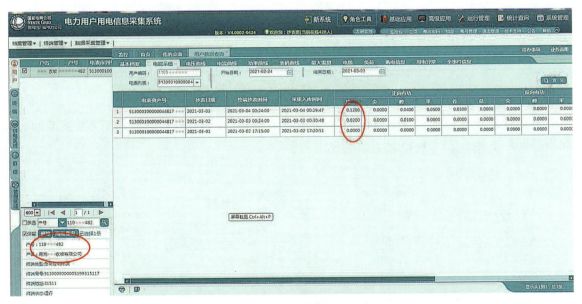

图 4-10　用采系统该用户档案

图 4-11 同期系统变压器档案

图 4-12 同期系统线路售电量明细

**治理成效：** 联系项目组解决用户档案未及时推送的问题后，解决了线损率突增问题，线损率恢复正常（见图 4-13）。

| 线路名称 | 变电站名称 | 日期 | 达电 | 输入电量(kWh) | 输出电量(kWh) | 售电量(kWh) | 损失电量(kWh) | 线损率(%) |
|---|---|---|---|---|---|---|---|---|
| 10kV东窑线 | 南充.东坝站(南部) | 2021-03-03 | 过达 | 8640.00 | 0.00 | 8211.33 | 428.67 | 4.96 |

图 4-13 同期系统线路线损率

### 案例 5：变压器所属站档案错误

**线路名称：** 10 kV 望庙一线、马螺线

**基本情况：** 马螺线、望庙一线两条线路为打包线路。2020 年 11 月线损率为 67.17%，其中 11 月 14~30 日持续高损（见图 4-14）。

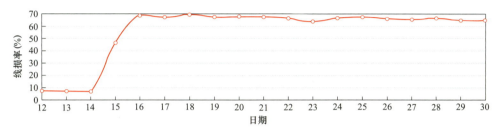

**图 4-14　10 kV 马螺线、望庙一线线路日线损率（2020 年 11 月 14~30 日）**

**初步核查：** 11 月 17 日检查 10 kV 望庙一线、马螺线出现高线损情况。核查后发现同期系统售电量明细中丢失"南充市 ** 医院""四川 ** 制药有限公司"等 53 个专用变压器客户档案；11 月 18 日发现丢失"电网小龙 6 公用变压器""电网 10 kV 望庙一线小龙 10 箱式变电站"等 61 台公用变压器档案。

**异常分析：** 通过检查 10 kV 望庙一线 PMS 系统档案，发现 10 kV 望庙一线起点电站不明原因变更为"10 kV 望庙一线江东北路 5 号分支箱间隔"，导致该线路下公用变压器、专用变压器客户档案丢失。望庙一线起始开关情况如图 4-15 所示。

对 GIS 图形端和 PMS 系统中对应档案进行更改。由于 11 月中下旬集中进行 PMS 系统自动化图模推送，造成 PMS 系统运行缓慢，无法正常终结图形档案维护任务，导致线路下公用变压器、专用变压器档案无法同步，引起线路线损率一直高损。11 月 30 日报问题平台处理后任务终结，12 月 2 日档案重新同步完成。

**治理成效：** 在 GIS 系统重新画图并终结流程后，马螺线、望庙一线 12 月 4 日线损率为 6.48%，治理合格。望庙一线、马螺线线路日线损率情况如图 4-16 所示。

**图 4-15　望庙一线起始开关情况**

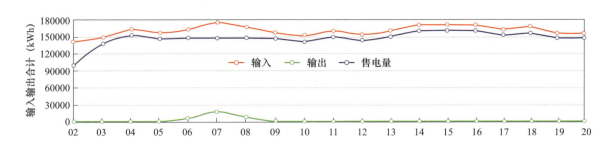

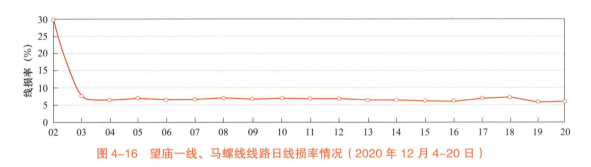

图 4-16 望庙一线、马螺线线路日线损率情况（2020 年 12 月 4~20 日）

### 三、异常类型：表计档案倍率错误

**案例 6：关口计量档案倍率错误**

**线路名称：** 10 kV 城园Ⅱ线、10 kV 城教线

**基本情况：** 2020 年 10 月 14~15 日，10 kV 城教线出现高损（见图 4-17）；10 kV 城园Ⅱ线出现负损（见图 4-18）。

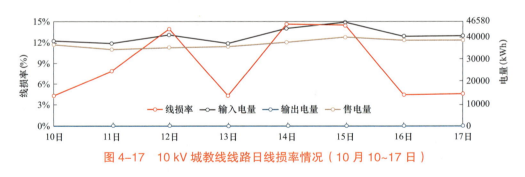

图 4-17　10 kV 城教线线路日线损率情况（10 月 10~17 日）

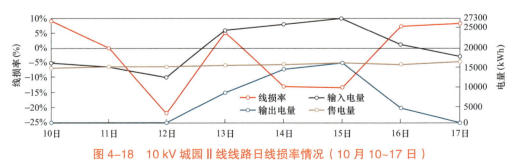

图 4-18　10 kV 城园Ⅱ线线路日线损率情况（10 月 10~17 日）

**初步核查：** 2020 年 10 月 11 日，10 kV 城教线莲花湖支线线路故障；运行方式调整，部分负荷由 10 kV 城园 II 线环城路三段 2 号环网柜转供 10 kV 城教线莲花湖支线环三段 4 号环网柜。开展线变关系和档案现场核查，确认相关档案现场均与 SG186 系统、采集系统户表档案一致。考虑到 11 日运行方式调整，初步怀疑现场表计故障，经现场核查计量表计终端正常。最后排查出联络关口互感器变比在采集系统档案中为 500/5，与现场互感器变比 400/5 不一致。

**异常分析：** 10 kV 城教线与 10 kV 城园 II 线联络关口电量按互感器变比为 400/5 进行初步计算，线路线损率与近期日平均值一致。经咨询外委施工单位、互感器厂家等手段进一步核实后，确认该计量变比为 400/5。

**治理成效：** 更正互感器档案并同步后，线损率合格。10 kV 城教线线损率情况如图 4-19 所示，10 kV 城园 II 线线损率情况如图 4-20 所示。

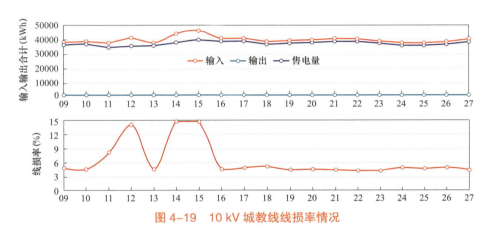

**图 4-19 10 kV 城教线线损率情况**

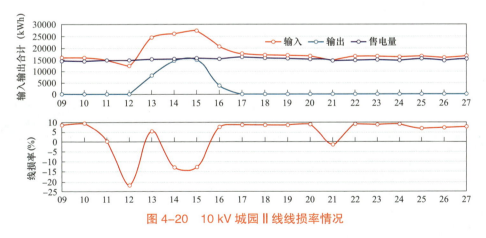

**图 4-20 10 kV 城园 II 线线损率情况**

## 四、异常类型：用户档案未同步

### 案例 7：用户档案未同步

**线路名称：** 10 kV 罗新线

**基本情况：** 罗新线线损率长期位于 2%~3% 之间，该线路线损率 1 月 1 日出现异常，1

月 1~7 日，线损率在 20%~60% 之间。如图 4-21 所示。

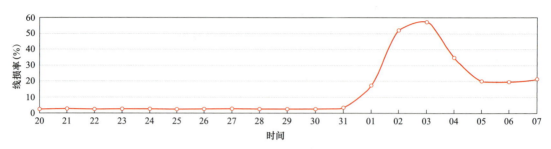

图 4-21　该线路线损率异常情况

**初步核查：** 该线路线损率较稳定，在 12 月 31 日前线损率在 2% 左右。1 月 1 日起供电量增加明显，输出电量和售电量变化不大，损失电量增加明显。线损率最高达 57%。经过排查，罗新线下各台区考核总表采集正常，未更换互感器。由于损失电量高达 2 万 kWh，初步怀疑新投大用户，档案未同步到同期线损系统导致线损率异常。

**异常分析：** 经过再次排查，本月有新投运的专用变压器用户（四川 ** 电气有限责任公司），其变压器容量 4000 kVA，已于 12 月 31 日在 SG186 系统建档（见图 4-22），在用采系统调试上线（见图 4-23）。查看 SG186 系统和用采系统确认该用户建档流程正确，采集正常。查看同期线损系统该线路下用户售电量明细（见图 4-24），发现无该专用变压器用户，导致 10 kV 罗新线线损升高。联系项目组同步用户档案，建档后第 8 天，1 月 8 日系统同步更新，罗新线线损率恢复正常，如图 4-25 所示。

图 4-22　SG186 系统用户档案信息

图 4-23　用采系统用户采集信息

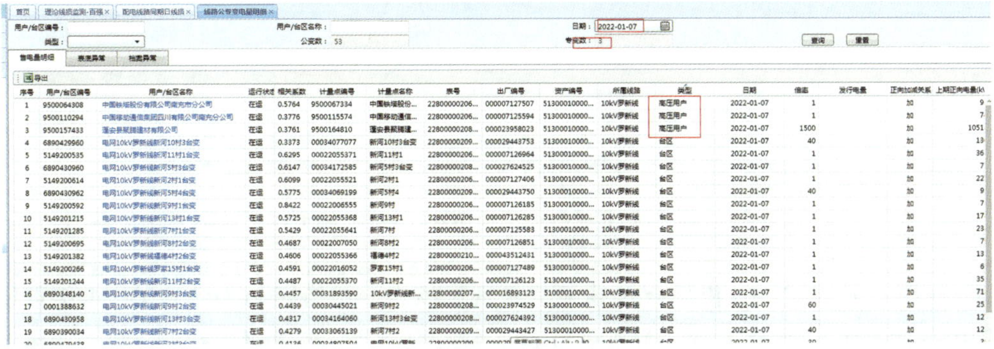

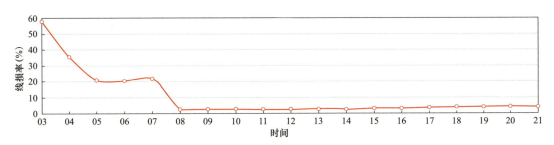

图 4-24　同期线损系统该线路下用户明细

图 4-25　该线路治理后线损率情况

# 第二节　采集因素

采集异常是导致线路线损率异常的主要因素之一，主要有采集设备故障、表计时钟超差等。加强对采集设备、终端的维护，及时处理异常数据，提升采集数据质量是线损管理的主要工作内容。

## 一、异常类型：采集设备故障

### 案例 8：变电站采集终端异常

**线路名称：** 10 kV 江果 II 线

**基本情况**：该线路属城网线路，线路全长 6.14 km，下接公用变压器台区 6 个，专用变压器客户 4 户，线路理论线损率 1.28%。在 2021 年 1 月 15~20 日期间，线路线损率时正时负（见图 4-26）。

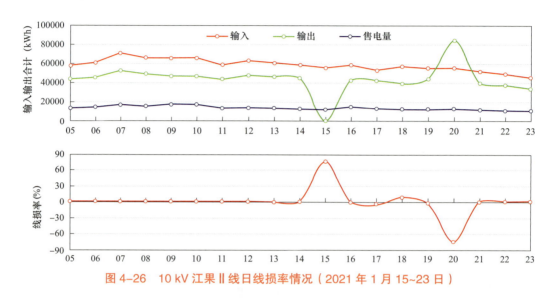

图 4-26　10 kV 江果Ⅱ线日线损率情况（2021 年 1 月 15~23 日）

**初步核查**：开展线路互供情况和线变关系现场核查，该线路与 10 kV 星中Ⅱ线联络点处于闭合状态，有关口计量装置，且配置正确，线变关系无异常。线路供电量、售电量变化不大，但输出电量波动较大，初步判断是联络关口计量装置或采集设备故障。

**异常分析**：对该线路联络关口计量装置电压、电流、接线情况及电能表时钟在用采系统进行检查，发现在用采系统中，该计量点电压、电流在 2021 年 1 月 14、15 日无冻结数据，穿透电能表实时电压、电流、功率有数据且正常，电能表时钟正确，判断计量无故障（见图 4-27）。比对同期系统联络关口表底和用采系统表底，发现数据不一致，日冻结表底与同期系统表底相差一日。判断由于终端故障，造成线路线损率异常（见图 4-28~图 4-30）。

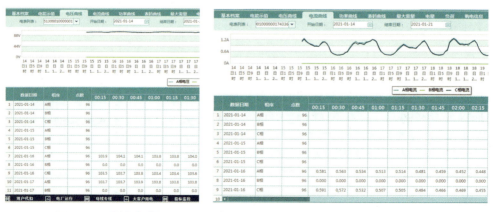

图 4-27　该线路联络关口计量电压、电流曲线（2021 年 1 月 15~23 日）

| 计量点名称 | 表 | 数据来源 | 出厂编号 | 资产编号 | 倍率 | 计算关系 | 正向加减 | 反 | 日期 | 正向上表底 | 正向下表底 | 正向电量(kWh) | 反向上表底 |
|---|---|---|---|---|---|---|---|---|---|---|---|---|---|
| | | 用电采集 | | | 800 | 加 | | + | 2021-01... | | | 208.0 | |
| 电站-10kV工果Ⅱ线[926] | 2 | 用电采集 | 0000***57707 | 51300***000... | 800 | 加 | | + | 2021-01... | 220.64 | 220.9 | 208.0 | 0.0 |
| 仪Ⅱ线果城路1号环网柜4号间隔联络10kV工果Ⅱ线... | 2 | 用电采集 | 0030***965 | 20140***100... | 12000 | 加 | | ← | 2021-01... | 2845.2 | 2849.85 | 55800.0 | 0.26 |
| 果Ⅱ线果城路Ⅲ线N01联络量中П线2号环网柜2H12 | 2 | 用电采集 | 0000***33633 | 51300***000... | 12000 | 加 | | + | 2021-01... | 1638.07 | 1641.74 | 44040.0 | 0.05 |

图 4-28　同期系统该线路联络关口表底（2021 年 1 月 19 日）

| | 基本档案 | 电能示值 | 电压曲线 | 电流曲线 | 功率曲线 | 表码曲线 | 最大需量 | 电量 | 负荷 | 购电信息 | 用电异常 | 全事件信息 | | |
|---|---|---|---|---|---|---|---|---|---|---|---|---|---|---|

用户编码：12***78133　　开始日期：2021-01-14　　结束日期：2021-01-21
电表列表：00000***336334

| | 电表资产号 | 抄表日期 | 终端抄表时间 | 采集入库时间 | 正向有功 总 | 尖 | 峰 | 平 | 谷 | 反向有功 总 | 尖 | 峰 | 平 |
|---|---|---|---|---|---|---|---|---|---|---|---|---|---|
| 1 | 5130001000000***336334 | 2021-01-21 | 2021-01-22 00:00:00 | 2021-01-22 02:16:21 | 1652.0600 | 0.0000 | 605.4800 | 666.6200 | 379.9500 | 0.0500 | 0.0000 | 0.0100 | 0.0200 |
| 2 | 5130001000000***336334 | 2021-01-20 | 2021-01-21 00:00:00 | 2021-01-21 02:16:57 | 1648.7500 | 0.0000 | 604.1600 | 665.3100 | 379.2700 | 0.0100 | | 0.0100 | 0.0200 |
| 3 | 5130001000000***336334 | 2021-01-19 | 2021-01-19 00:00:00 | 2021-01-20 09:18:54 | 1641.7400 | 0.0000 | 601.4300 | 662.4200 | 377.8800 | 0.0100 | | 0.0100 | 0.0200 |
| 4 | 5130001000000***336334 | 2021-01-18 | 2021-01-18 00:00:00 | 2021-01-19 09:46:42 | 1641.7400 | | 601.4300 | 662.4200 | 377.8800 | 0.0100 | | 0.0100 | 0.0200 |
| 5 | 5130001000000***336334 | 2021-01-17 | 2021-01-17 00:00:00 | 2021-01-19 09:47:48 | 1638.0700 | | 599.9700 | 660.9300 | 377.1600 | 0.0100 | | 0.0100 | 0.0200 |
| 6 | 5130001000000***336334 | 2021-01-16 | 2021-01-16 00:00:00 | 2021-01-17 02:12:60 | 1631.2600 | | 597.3300 | 658.2000 | 375.7300 | 0.0100 | | 0.0100 | 0.0200 |
| 7 | 5130001000000***336334 | 2021-01-15 | 2021-01-15 00:00:00 | 2021-01-16 02:14:37 | 1627.7200 | | 595.9200 | 656.8000 | 375.0000 | 0.0100 | | 0.0100 | 0.0200 |
| 8 | 5130001000000***336334 | 2021-01-14 | | 2021-01-15 09:01:46 | 1627.7200 | | 595.9200 | 656.8000 | 375.0000 | | | | |

图 4-29　用采系统统计查询中该线路联络关口表底（2021 年 1 月 16~21 日）

| 序号 | 终端名称 | 户名 | 户号 | 表号 | 时间 | 冻结类型 | 采集时间 | 总(kWh) | 尖峰(kWh) | 高峰(kWh) | 平谷(kWh) | 低谷(kWh) |
|---|---|---|---|---|---|---|---|---|---|---|---|---|
| 2 | 10kV工果Ⅱ线果城路Ⅲ线N01联络关口 | 电网_10kV工果Ⅱ线 | 1225***l133 | 0000***63633 | 2021-01-14 | 日冻结正向有功 | | | | | | |
| 2 | 10kV工果Ⅱ线果城路Ⅲ线N01联络关口 | 电网_10kV工果Ⅱ线 | 1225***l133 | 0000***63633 | 2021-01-15 | 日冻结正向有功 | | | | | | |
| 2 | 10kV工果Ⅱ线果城路Ⅲ线N01联络关口 | 电网_10kV工果Ⅱ线 | 1225***l133 | 0000***63633 | 2021-01-16 | 日冻结正向有功 | | | | | | |
| 2 | 10kV工果Ⅱ线果城路Ⅲ线N01联络关口 | 电网_10kV工果Ⅱ线 | 1225***l133 | 0000***63633 | 2021-01-17 | 日冻结正向有功 | | | | | | |
| 2 | 10kV工果Ⅱ线果城路Ⅲ线N01联络关口 | 电网_10kV工果Ⅱ线 | 1225***l133 | 0000***63633 | 2021-01-18 | 日冻结正向有功 | | | | | | |
| 2 | 10kV工果Ⅱ线果城路Ⅲ线N01联络关口 | 电网_10kV工果Ⅱ线 | 1225***l133 | 0000***63633 | 2021-01-19 | 日冻结正向有功 | 2021-01-20 09:31:00 | 1645.2600 | 0.0000 | 602.8200 | 663.8500 | 378.5900 |
| 2 | 10kV工果Ⅱ线果城路Ⅲ线N01联络关口 | 电网_10kV工果Ⅱ线 | 1225***l133 | 0000***63633 | 2021-01-20 | 日冻结正向有功 | 2021-01-21 14:50:00 | 1648.7500 | 0.0000 | 604.1600 | 665.3100 | 379.2700 |
| 2 | 10kV工果Ⅱ线果城路Ⅲ线N01联络关口 | 电网_10kV工果Ⅱ线 | 1225***l133 | 0000***63633 | 2021-01-21 | 日冻结正向有功 | 2021-01-22 00:00:00 | 1652.0600 | 0.0000 | 605.4800 | 666.6200 | 379.9500 |
| 2 | 10kV工果Ⅱ线果城路Ⅲ线N01联络关口 | 电网_10kV工果Ⅱ线 | 1225***l133 | 0000***63633 | 2021-01-14 | 日冻结反向有功 | | | | | | |
| 2 | 10kV工果Ⅱ线果城路Ⅲ线N01联络关口 | 电网_10kV工果Ⅱ线 | 1225***l133 | 0000***63633 | 2021-01-15 | 日冻结正向有功 | | | | | | |
| 2 | 10kV工果Ⅱ线果城路Ⅲ线N01联络关口 | 电网_10kV工果Ⅱ线 | 1225***l133 | 0000***63633 | 2021-01-16 | 日冻结正向有功 | | | | | | |

图 4-30　用采系统随机召测中该线路联络关口表底（2021 年 1 月 16~21 日）

　　结合系统数据分析，2020 年 1 月 20 日，工作人员现场对该终端进行检查，发现是某公司生产的采集终端，由于终端软件版本问题，造成抄回表底与电能表上冻结表底错开一日。工作人员现场进行了采集终端更换。

　　**治理成效**：通过更换该处采集终端，线路线损率恢复到正常值（见图 4-31）。

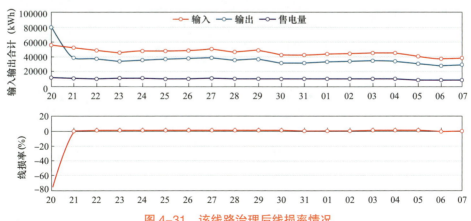

图 4-31　该线路治理后线损率情况

**案例9：用户侧设备采集异常**

**线路名称：** 10 kV 宝晏线

**基本情况：** 该线路为农网线路，线路全长 67.51 km，公用变压器台区 77 台，专用变压器台区 22 个。2020 年 12 月 18 日起，该线路线损率呈现明显异常（见图 4-32），此前该线路日线损率均稳定在 6% 左右。

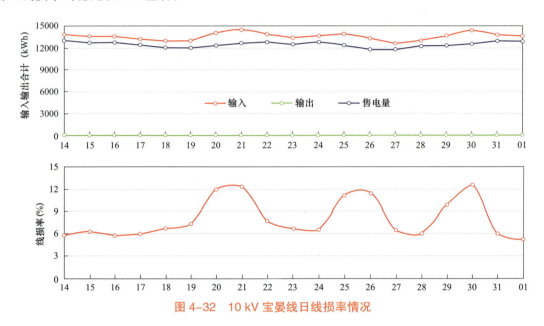

图 4-32　10 kV 宝晏线日线损率情况

**初步核查：** 开展现场核查，确认用采系统户表档案、互感器倍率均与实际一致，现场表计封印正常。公用变压器、专用变压器采集成功率长期保持 100%，输入关口电量日均约 13 万 kWh，上级变电站 10 kV 母线线损率在 1% 左右。排除窃电及配电线路供电考核表计量异常情况，初步怀疑为某公用变压器考核表或专用变压器计量异常。

查询该线路下所属各台区线损，确认连续多日台区线损数据无异常。结合出现线损异常的日期，通过用采系统对比核查用户电量、电压、电流负荷数据。查询该线路下台区线损率情况如图 4-33 所示。

图 4-33　查询该线路下台区线损率情况（一）

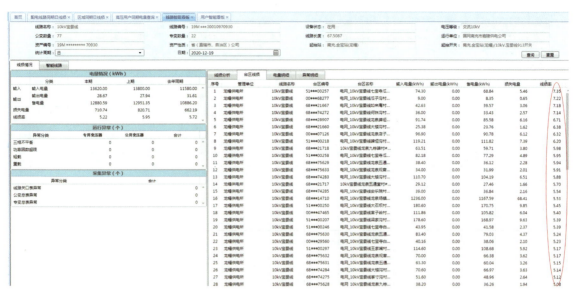

图 4-33　查询该线路下台区线损率情况（二）

**异常分析**：通过对 22 台专用变压器用户数据进行统计分析，发现用户（嘉陵区 ** 种植专业合作社）电量长期为零，且该用户计量点电压、电流曲线长期缺失。经核查，该计量点采集系统中电压、电流、电量情况如图 4-34 所示。

**治理成效**：通过对该用户采集系统进行调试，该用户数据电压、电流曲线数据恢复正常，电量恢复至每天 18~30 kWh，所属线路日线损率降低至 6%，且长期保质稳定状态。10 kV 宝晏线治理后线损率情况如图 4-35 所示。

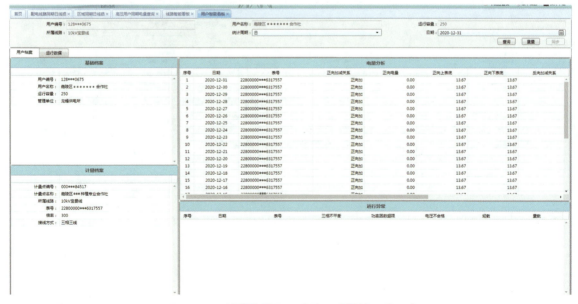

图 4-34　计量点电压、电流、电量情况（一）

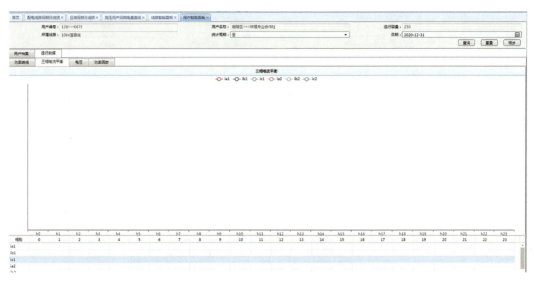

图 4-34　计量点电压、电流、电量情况（二）

图 4-35　10 kV 宝晏线治理后线损率情况（一）

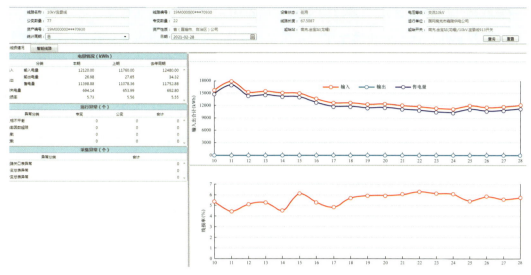

图 4-35　10 kV 宝晏线治理后线损率情况（二）

### 案例 10：采集终端异常

**线路名称**：10 kV 峰码一线

**基本情况**：该线路下专用变压器 18 台，公用变压器 0 台，线路线损率长期维持在 0.5% 左右。2022 年 2 月 11 日线损率出现明显异常，如图 4-36 所示。

**初步核查**：经核查，线路相关线变关系与实际一致，确认用采系统户表档案、互感器倍率均与实际一致，现场表计封印正常，异常发生前未更换表计。查询同期系统，发现该线路供电量较为平稳、变化幅度较小；售电量在 11 日突变为 200 万 kWh，原超过正常电量。怀疑用户表计采集异常故障。

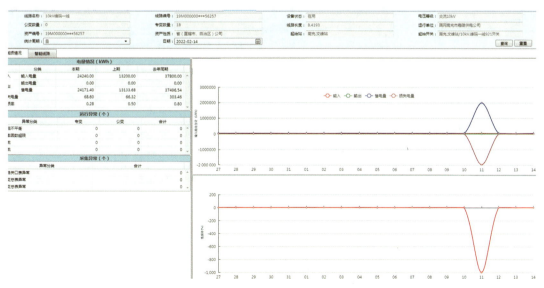

图 4-36　该台区日线损率情况（11 月 10~28 日）

**异常分析**：经查询系统，发现该线路下用户四川 ** 伟业清洁能源有限公司，2 月 11 日电量 197 万 kWh，远大于正常水平。用采系统显示该用户计量点采集数据按时入库并正常计算。经过进一步分析，发现该用户 2 月 12 日采集入库数据由前一日的 60.94 突变为 5000，如图 4-37 所示。终端抄表日期为 2019 年 7 月 18 日。判断由于采集调试抄表数据错误，导致 2 月 11 日该线路线损异常。

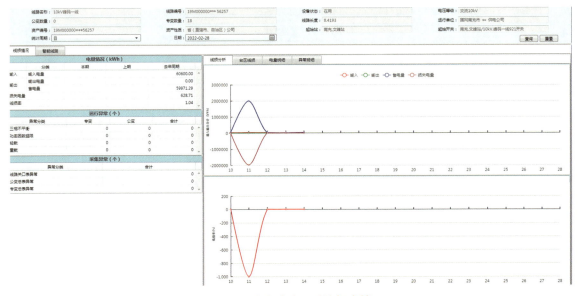

图 4-37　抄表数据情况

**治理成效**：2 月 14 日，对终端进行更换并在用采系统进行调试，于当日上午完成系统数据补录。经治理，该线路自 2 月 15 日起线损率恢复正常，线损率恢复至 0.5% 左右，如图 4-38 所示。

图 4-38　该线路治理后线损率情况

## 二、异常类型：其他

### 案例 11：其他

**线路名称：** 10 kV 江润一线

**基本情况：** 10 kV 江润一线全长 6.2 km，共有公用变压器 4 台，专用变压器 4 台。线路理论线损率 0.6%。2022 年 1 月 8 日，突然出现负损。同期系统 10 kV 江润一线日线损率曲线如图 4-39 所示。

图 4-39　同期系统 10 kV 江润一线日线损率曲线

**初步分析：** 首先开展线路互供和供电关口计量现场核查，该线路与 10 kV 桃津线有联络，但近期联络点处于断开状态无互供电量，该线路供电关口配置正确，计量无异常。对 10 kV 江润一线开展线变关系核查，确认该线路下对应所有公用专用变压器虽然均为该线路供电负荷，但其中 10 kV 江润一线油坊坡鱼塘 1 号台变出现重复计量，同一个台区在售电量明细中出现两次且电量相等。新出现的计量点 00037**0218 日电量为 1561 kWh，与负损电量一致，初步判断为该台区重复采集导致线损异常，如图 4-40 所示。

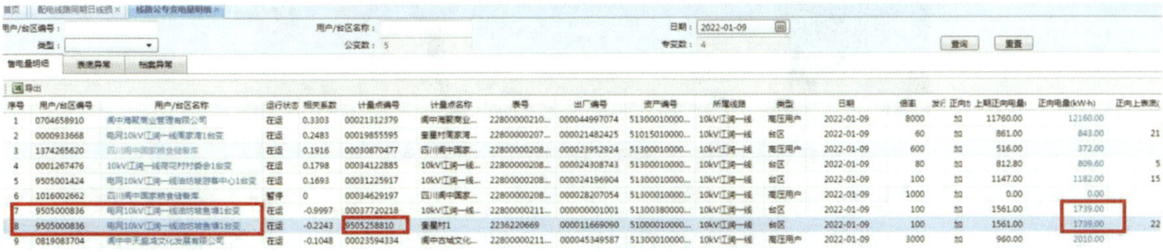

图 4-40　10 kV 江润一线日售电量明细

**异常分析：** 对该计量点信息及采集情况开展分析，发现 "10 kV 江润一线油坊坡鱼塘 1 号台变" 1 月 8 日同期突然新增 1 个采集计量点，同时该台区 SG186 系统中突然出现 1 个新的考核表（用户编号：11497**115）。经现场核实，该台区 2021 年 12 月初开展新型智能配电变压器终端试点工作，目前该台区存在营销采集终端与智能配电变压器采集终端并列运行的状况，新型融合终端采集建档后后台自动推送一个新的虚拟考核表至 SG186 系统，同期同步后造成售电量采集重复，如图 4-41 和图 4-42 所示。

| | 用户编号 | | 用户名称 | 用户状态 | 运行容量 | 合同容量 | 用电类别 | 供电电压 | 电压等级 | 行业类别 | 供电单位 |
|---|---|---|---|---|---|---|---|---|---|---|---|
| 1 | 07 | 35706 | ***#公变 | 正常用电客户 | 20 | 20 | 考核 | 交流220V | 220至380伏 | 线路损失电量 | 供电所 |
| 2 | 05 | 80933 | ***#公变 | 正常用电客户 | 100 | 100 | 考核 | 交流220V | 220至380伏 | 线路损失电量 | 供电所 |
| 3 | 11 | 28790 | *勇 | 正常用电客户 | 10 | 10 | 乡村居民生活用电 | 交流220V | 220至380伏 | 乡村居民 | 供电所 |
| 4 | 11 | 28795 | *和平 | 正常用电客户 | 10 | 10 | 乡村居民生活用电 | 交流220V | 220至380伏 | 乡村居民 | 供电所 |
| 5 | 11 | 28796 | *祖胜 | 正常用电客户 | 10 | 10 | 乡村居民生活用电 | 交流220V | 220至380伏 | 乡村居民 | 供电所 |
| 6 | 11 | 28798 | *王 | 正常用电客户 | 10 | 10 | 乡村居民生活用电 | 交流220V | 220至380伏 | 乡村居民 | 供电所 |
| 7 | 11 | 28799 | *光华 | 正常用电客户 | 10 | 10 | 乡村居民生活用电 | 交流220V | 220至380伏 | 乡村居民 | 供电所 |
| 8 | 11 | 28800 | *王明 | 正常用电客户 | 10 | 10 | 乡村居民生活用电 | 交流220V | 220至380伏 | 乡村居民 | 供电所 |
| 9 | 11 | 28801 | *王亮 | 正常用电客户 | 10 | 10 | 乡村居民生活用电 | 交流220V | 220至380伏 | 乡村居民 | 供电所 |

图 4-41　SG186 系统台区考核表重复明细

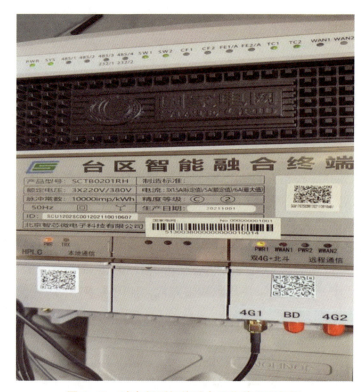

图 4-42　试点新型智能融合采集终端现场图

整改情况：结合数据分析结果，线路管理人员立即联系相关专业部门，在获得专业部门同意后，于 1 月 12 日在 SG186 系统中将油坊坡鱼塘 1 号台变下计量点编号为 00037**0218 的虚拟考核表档案进行处理。

治理成效：在源端系统档案更新后第二天，10 kV 江润一线线损率恢复正常，治理合格，如图 4-43 所示。

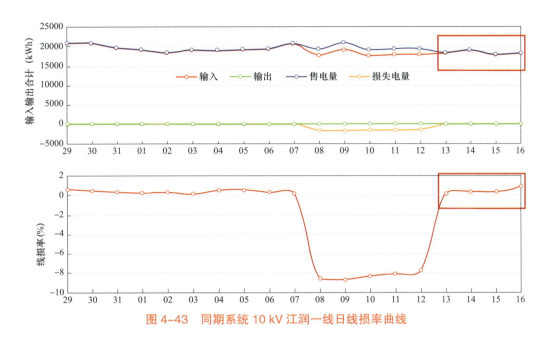

图 4-43　同期系统 10 kV 江润一线日线损率曲线

# 第三节　计量因素

计量异常是造成线路线损率异常的主要原因之一。主要有计量设备异常、表计故障等因素。维护好计量表计，确保电量正确计量是线损管控的重要手段。

## 一、异常类型：现场计量设备异常

### 案例 12：变压器计量设备异常

**线路名称：** 10 kV 坝新Ⅱ线。

**基本情况：** 2021 年 1 月 13~19 日，10 kV 坝新Ⅱ线日线损率升高至 12%~18% 之间（见图 4-44）。

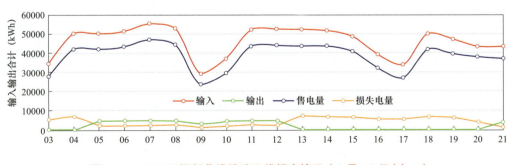

图 4-44　10 kV 坝新Ⅱ线线路日线损率情况（1 月 19 日）（一）

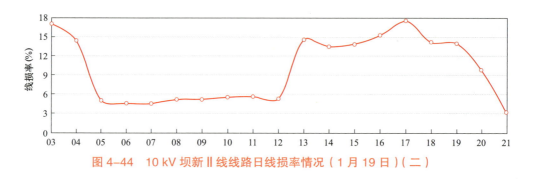

图 4-44　10 kV 坝新 Ⅱ 线线路日线损率情况（1 月 19 日）（二）

　　**初步核查**：该线路线损率长期在 1%~3% 之间。核实线路下各变压器档案无异常。查看输入输出电量情况，发现输入电量同比无明显增加，售电量同比减少。初步怀疑为售电量异常。

　　**异常分析**：开展线变关系现场核查，发现该线路下有一专用变压器：南部 *** 医院（用户号：950***1498）异常。该用户用电量同比减少（见图 4-45 和图 4-46）。通过核实 SG186 系统、用采系统和同期线损系统对应档案，发现该用户档案完整、但表计计量异常。进一步查看用采系统，发现该用户 C 相电压缺失（见图 4-47），现场查看时发现该用户出线柜烧毁造成接线毁坏不能正确计量（见图 4-48）。

图 4-45　同期系统 1 月 18 日该用户售电量

图 4-46　同期系统 1 月 19 日该用户售电量

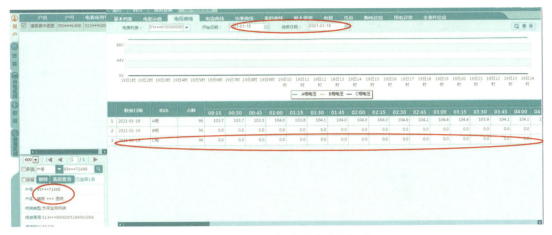

图 4-47　用采系统该用户电压档案

图 4-48　该用户现场出线柜

**治理成效：**检修该用户出线柜并重新接线后，用户电压正常（见图 4-49），该线路线损率合格（见图 4-50）。

图 4-49　该用户 1 月 25 日用采系统电压

图 4-50　该线路 25~29 日线损率

## 二、异常类型：表计故障

### 案例 13：表计故障

**线路名称：** 10 kV 杨潭线

**基本情况：** 该线路为单辐射架空线路。在 2020 年 12 月 15 日~2021 年 1 月 4 日期间，线路高损。线损电量较平日线路多约 100 kWh（见图 4-51）。

图 4-51　线路日线损率情况

初步核查：开展现场线变关系清查，发现线变关系无异常，关口配置正确。因该线路供售电量较小，线路高损期间电量波动小，通过系统查台区电流等无法判定原因。

异常分析：进一步排查，发现专用变压器用户（西充县九龙潭 × × 建设管理所）电量异常，因该用户每日用电量约 8 kWh，疑是该用户在用电但未正确计量。后经现场排除该异常，该专用变压器为水库阀门启动电源，因随时可能使用，存在未使用且未报停的情况，每日产生电量为变压器损耗（见图 4-52）。

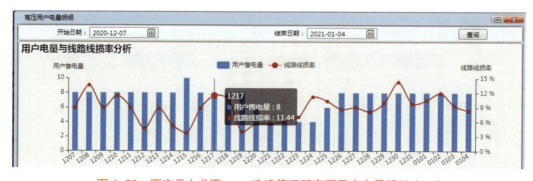

图 4-52　西充县九龙潭 × × 建设管理所高压用户电量明细（一）

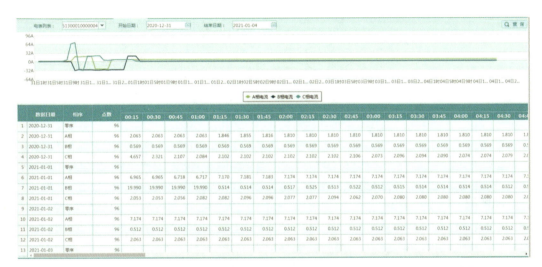

图 4-52　西充县九龙潭 ** 建设管理所高压用户电量明细（二）

经现场再次排查，发现用户 [ 城东粮库（已更名：四川丰粮 ** 有限公司）]。C 相实时电流值与表计 C 相不一致。经多次复核确认为该用户表计故障，如图 4-53 所示。

图 4-53　四川丰粮实业有限公司 2020 年 12 月 31 日~2021 年 1 月 4 日用采系统电流数据

**治理成效：** 通过对该用户更换表计，该线路线损恢复正常（见图 4-54 和图 4-55）。

图 4-54　城东粮库（已更名：四川丰粮 ** 有限公司）换表流程

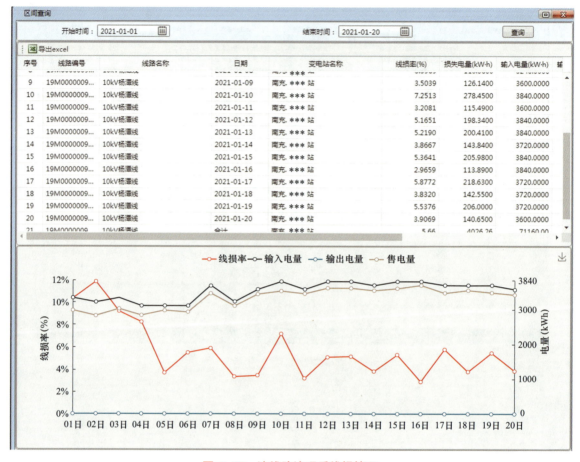

图 4-55 该线路治理后线损情况

## 第四节 模型配置错误

10 kV 线路线损在同期线损系统计算时，需要配置相应的模型，对输入电量、输出电量进行确认。若模型配置错误，则会造成电量计算的异常，从而导致线损率计算异常。应定期对线路日线损率进行监控，检查线损率异常线路的模型配置，避免因该问题造成线损率计算异常。

**异常类型：**模型配置错误

**案例 14：模型配置错误**

**线路名称：**10 kV 青双线

**基本情况：**12 月 25 日，该线路线损率为 −15.75%，负损。该线路日线损率情况如图 4-56 所示。

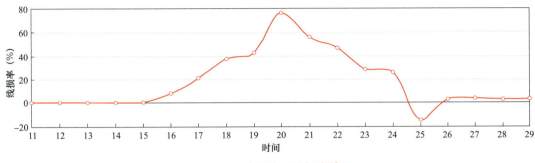

图 4–56　该线路日线损率情况

**初步核查：**经比对，线路下台区、高压用户与用采系统、SG186 系统档案一致，确认线路 – 变压器关系无异常。初步分析是线路模型问题。线路模型配置如图 4–57 所示。

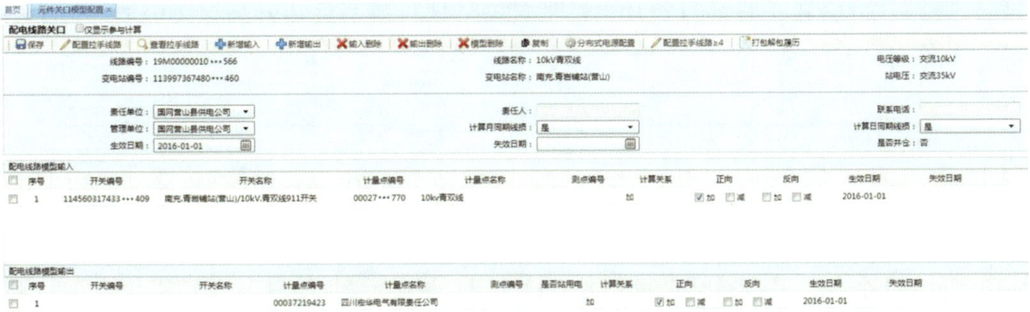

图 4–57　该线路模型配置情况

**异常分析：**查看线路模型，发现该线路将高压用户“四川 ** 电气有限责任公司”被配置为输出，导致线路多计输出电量 2340 kWh。因“四川 ** 电气有限责任公司”为 12 月新装用户，在未同步到系统时，为解决高损问题，临时在模型输出电量中配置该用户计量点。12 月 25 日该用户电量已同步至同期（见图 4–58），当日未及时处理模型问题，造成电量重复计算，引起线路负损。26 日修改线路输出模型配置后，线损率恢复正常。

| 用户/台区编号 | 用户/台区名称 | 运行状态 | 计量点编号 | 资产编号 | 所属线路 | 类型 | 日期 | 倍率 | 发行电量 | 正向加减关系 | 期正向电量(kW | 正向电量(kW·h | 正向上表底(kW |
|---|---|---|---|---|---|---|---|---|---|---|---|---|---|
| 064•••8904 | 四川 ********* 公司 | 在运 | 0001•••2299 | 510•••100000038 | 10kV青双线 | 高压用户 | 2021-12-25 | 400 | | 加 | 532.0 | 508.0 | 143.31 |
| 514•••6239 | 电网 ************* 台变 | 在运 | 0002•••6271 | 513•••100000007 | 10kV青双线 | 台区 | 2021-12-25 | 30 | | 加 | 115.2 | 143.7 | 7972.72 |
| 514•••7251 | 电网 ************* 台变 | 在运 | 0002•••6796 | 513•••100000007 | 10kV青双线 | 台区 | 2021-12-25 | 30 | | 加 | 216.3 | 207.9 | 17945.84 |
| 514•••7344 | 电网 ************* 台变 | 在运 | 0002•••7037 | 513•••100000033 | 10kV青双线 | 台区 | 2021-12-25 | 20 | | 加 | 111.0 | 108.4 | 537.77 |
| 514•••7391 | 电网 ************* 台变 | 在运 | 0002•••8666 | 513•••100000007 | 10kV青双线 | 台区 | 2021-12-25 | 30 | | 加 | 109.8 | 117.6 | 10565.69 |
| 514•••8011 | 电网 ************* 台变 | 在运 | 0002•••6443 | 513•••100000007 | 10kV青双线 | 台区 | 2021-12-25 | 20 | | 加 | 202.8 | 206.8 | 37640.94 |
| 514•••7950 | 电网 ************* 台变 | 在运 | 0002•••4658 | 513•••100000011 | 10kV青双线 | 台区 | 2021-12-25 | 30 | | 加 | 178.5 | 169.5 | 21715.31 |
| 514•••6570 | 电网 ************* 台变 | 在运 | 0002•••4659 | 513•••100000011 | 10kV青双线 | 台区 | 2021-12-25 | 30 | | 加 | 94.8 | 107.1 | 5227.15 |
| 514•••6496 | 电网 ************* 台变 | 在运 | 0002•••4660 | 513•••100000011 | 10kV青双线 | 台区 | 2021-12-25 | 30 | | 加 | 158.4 | 165.9 | 8634.19 |
| 000•••1552 | 电网 ************* 台变 | 在运 | 0002•••2393 | 513•••100000011 | 10kV青双线 | 台区 | 2021-12-25 | 20 | | 加 | 135.8 | 159.2 | 11669.66 |
| 000•••1555 | 电网 ************* 台变 | 在运 | 0002•••2396 | 513•••100000011 | 10kV青双线 | 台区 | 2021-12-25 | 30 | | 加 | 98.4 | 110.7 | 5946.35 |
| 000•••1563 | 电网 ************* 台变 | 在运 | 0002•••2399 | 513•••100000011 | 10kV青双线 | 台区 | 2021-12-25 | 30 | | 加 | 174.0 | 219.6 | 10373.18 |
| 000•••1565 | 电网 ************* 台变 | 在运 | 0002•••2401 | 513•••100000011 | 10kV青双线 | 台区 | 2021-12-25 | 60 | | 加 | 286.8 | 281.4 | 7959.32 |
| 548•••1072 | 营山 ******** 公司 | 在运 | 0002•••4461 | 510•••100000021 | 10kV青双线 | 高压用户 | 2021-12-25 | 15 | | 加 | 38.7 | 43.05 | 3087.16 |
| 514•••7728 | 电网 ************* 台变 | 在运 | 0002•••7600 | 513•••100000017 | 10kV青双线 | 台区 | 2021-12-25 | 30 | | 加 | 109.8 | 118.2 | 5174.3 |
| 514•••6680 | 电网 ************* 台变 | 在运 | 0002•••7626 | 513•••100000017 | 10kV青双线 | 台区 | 2021-12-25 | 30 | | 加 | 304.8 | 282.0 | 6449.09 |
| 514•••7657 | 电网 ************* 台变 | 在运 | 0002•••5213 | 513•••100000017 | 10kV青双线 | 台区 | 2021-12-25 | 30 | | 加 | 158.1 | 183.6 | 7975.3 |
| 514•••7477 | 电网 ************* 台变 | 在运 | 0002•••6234 | 513•••100000017 | 10kV青双线 | 台区 | 2021-12-25 | 30 | | 加 | 75.0 | 75.9 | 3353.97 |
| 514•••6841 | 电网 ************* 台变 | 在运 | 0002•••6541 | 513•••100000017 | 10kV青双线 | 台区 | 2021-12-25 | 15 | | 加 | 56.85 | 59.1 | 5141.51 |
| 514•••7915 | 电网 ************* 台变 | 在运 | 0002•••9303 | 513•••100000017 | 10kV青双线 | 台区 | 2021-12-25 | 30 | | 加 | 92.4 | 97.8 | 4779.12 |
| 514•••7724 | 电网 ************* 台变 | 在运 | 0002•••5898 | 513•••100000033 | 10kV青双线 | 台区 | 2021-12-25 | 20 | | 加 | 137.4 | 157.6 | 1583.85 |
| 514•••7713 | 电网 ************* 台变 | 在运 | 0002•••2869 | 513•••100000017 | 10kV青双线 | 台区 | 2021-12-25 | 30 | | 加 | 145.5 | 144.0 | 5922.31 |
| 689•••2793 | 10kV ********** 台变 | 在运 | 0003•••0032 | 513•••100000027 | 10kV青双线 | 台区 | 2021-12-25 | 60 | | 加 | 116.4 | 120.0 | 2753.54 |
| 689•••4982 | 10kV ********** 台变 | 在运 | 0003•••1516 | 513•••100000024 | 10kV青双线 | 台区 | 2021-12-25 | 20 | | 加 | 199.0 | 240.8 | 10978.44 |
| 689•••3362 | 10kV ********** 台变 | 在运 | 0003•••2307 | 513•••100000011 | 10kV青双线 | 台区 | 2021-12-25 | 30 | | 加 | 123.9 | 137.7 | 3475.88 |
| 689•••3434 | 电网 ************* 台变 | 在运 | 0003•••3579 | 513•••100000027 | 10kV青双线 | 台区 | 2021-12-25 | 30 | | 加 | 44.1 | 46.5 | 1142.66 |
| 110•••1727 | 四川 ********* 公司 | 在运 | 0003•••6548 | 513•••100000034 | 10kV青双线 | 高压用户 | 2021-12-25 | 2000 | | 加 | 2560.0 | 1300.0 | 159.85 |
| 689•••3547 | 10kV ********** 台变 | 在运 | 0003•••9289 | 513•••100000033 | 10kV青双线 | | 2021-12-25 | 20 | | 加 | 35.4 | 38.8 | 798.34 |
| 689•••0289 | 电网 ************* 台变 | 在运 | 0003•••5912 | 513•••100000033 | 10kV青双线 | 台区 | 2021-12-25 | 20 | | 加 | 45.0 | 45.4 | 221.23 |
| 689•••0293 | 电网 ************* 台变 | 在运 | 0003•••8844 | 513•••100000033 | 10kV青双线 | 台区 | 2021-12-25 | 20 | | 加 | 77.8 | 87.6 | 273.2 |
| 114•••1496 | 四川 ********* 公司 | 在运 | 0003•••9423 | 510•••100000038 | 10kV青双线 | 高压用户 | 2021-12-25 | 3000 | | 加 | 0.0 | 2340.0 | 24.32 |
| 689•••5310 | 电网 ************* 台变 | 在运 | 0003•••5588 | 513•••100000033 | 10kV青双线 | 台区 | 2021-12-25 | 20 | | 加 | 60.8 | 60.6 | 189.98 |
| 689•••5311 | 电网 ************* 台变 | 在运 | 0003•••6736 | 513•••100000033 | 10kV青双线 | 台区 | 2021-12-25 | 20 | | 加 | 61.8 | 67.2 | 183.11 |
| 950•••6326 | 青岩 ••• 工厂 | 在运 | 9502•••342 | 510•••100000021 | 10kV青双线 | 高压用户 | 2021-12-25 | 300 | | 加 | 114.0 | 600.0 | 1146.24 |
| 950•••8453 | 中国 *************** 公司 | 在运 | 9502•••540 | 513•••100000017 | 10kV青双线 | 高压用户 | 2021-12-25 | 1 | | 加 | 20.17 | 20.37 | 46776.51 |
| 950•••2168 | 中国 *************** 公司 | 在运 | 9502•••249 | 513•••100000017 | 10kV青双线 | 高压用户 | 2021-12-25 | 1 | | 加 | 65.63 | 65.95 | 111282.08 |

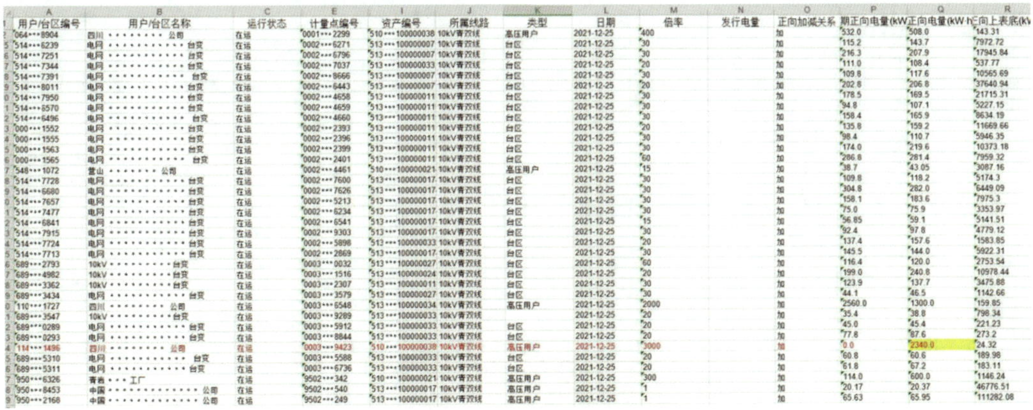

图 4–58　该线路用户电量情况

## 第五节　换表因素

表计更换是电力公司日常工作业务。由于表计总量较多，几乎每日都会有表计更换工作。表计更换后档案中的表底录入错误、换表时间错误会导致电量计算异常。该因素属于管理因素，规范换表流程的执行，档案参数的录入是避免换表因素造成线路线损率异常的重要手段，也是营销工作的基本要求。

### 一、异常类型：换表流程异常

#### 案例 15：换表流程未及时执行

**线路名称：** 10 kV 坪太线

**基本情况：** 2022 年 1 月 8 日，10 kV 坪太线路日线损率突然升高至 10.43% 左右，线损率异常，如图 4-59 所示。

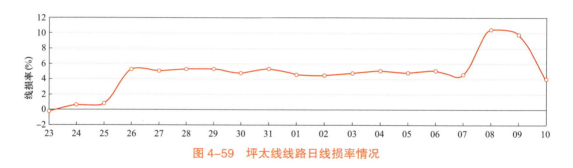

图 4-59　坪太线线路日线损率情况

**初步核查：** 该线路线损率长期位于 4%~5% 之间。经核查，线路 - 变压器关系、线路下用户倍率等基础档案无问题。检查电量情况时发现该线路下"电网 10 kV 坪太线场镇 1 公用变压器"总表起、止度异常，如图 4-60 所示。

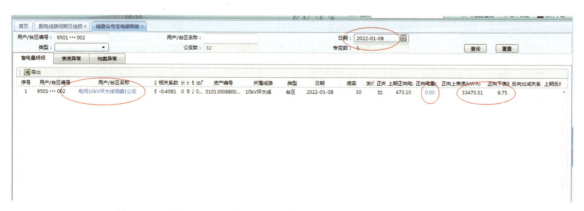

图 4-60　"电网 10 kV 坪太线场镇 1 公用变压器"起止度异常情况

**异常分析：**开展现场核查，发现"电网 10 kV 坪太线场镇 1 公用变压器"起止度异常是由于该台区 1 月 8 日更换总表。但换表后在系统中未按规范流程操作，导致换表表底异常，引起电量计算异常。如图 4-61 和图 4-62 所示。

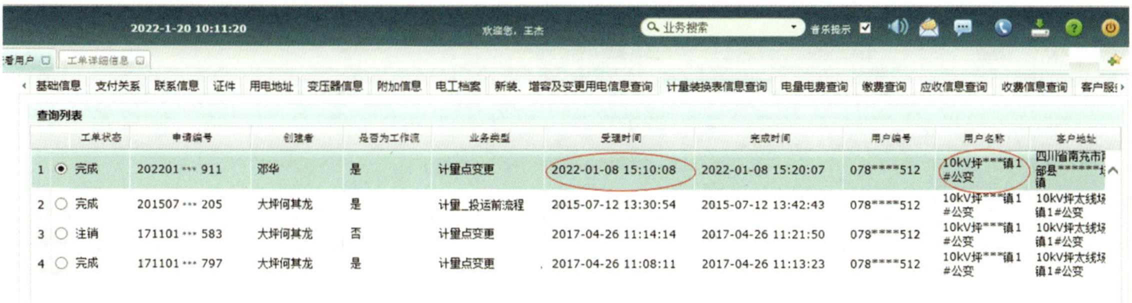

图 4-61　SG186 系统换表情况

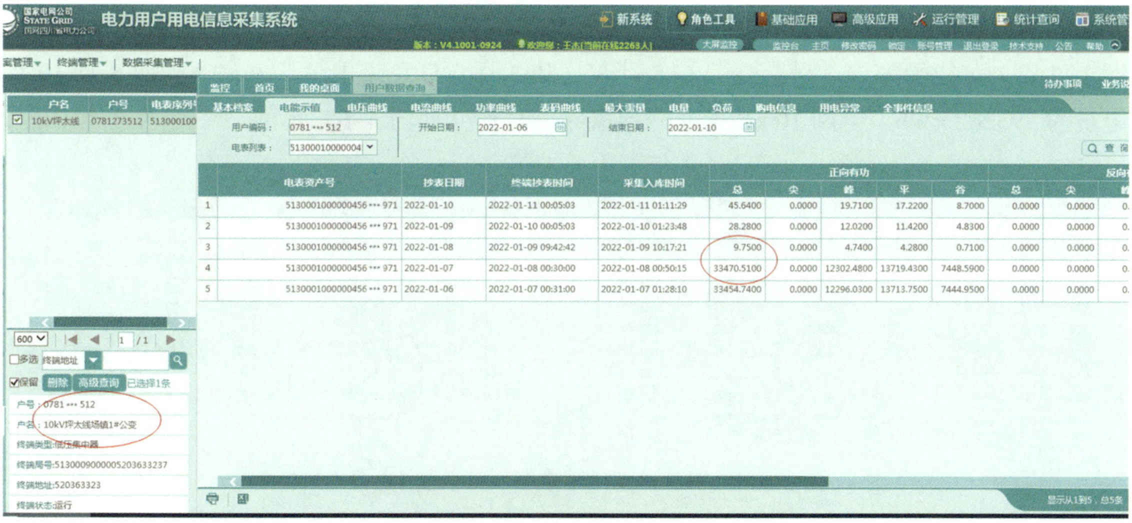

图 4-62　用采系统换表情况

**治理成效：**执行换表流程后，线路线损率恢复正常，如图 4-63 所示。

图 4-63　治理后线路线损率情况

**案例 16：换表流程未及时执行**

线路名称：10 kV 义龙线

基本情况：该线路线损率一直在 6% 左右，2021 年 5 月 8~9 日高损，5 月 10 日该线路线损率为 –999%，如图 4-64 所示。

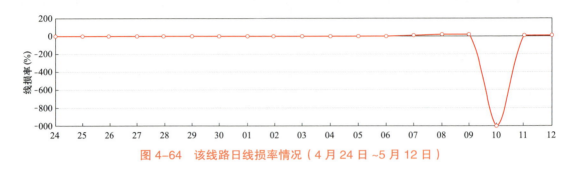

图 4-64　该线路日线损率情况（4 月 24 日 ~5 月 12 日）

初步核查：开展变户关系现场核查后，发现各变压器计量互感器倍率均与 SG186 系统一致，同期线损系统、SG186 系统户表档案与现场一致。进一步核实电量后，发现台区"电网 10 kV 义龙线黎家寺 1 号台变"在 5 月 8 日和 5 月 9 日总表电量为 0 kWh，而 5 月 10 日电量为 295262 kWh。电网 10 kV 义龙线黎家寺 1 号台变如图 4-65 所示。

| 序号 | 台区编号 | 台区名称 | 所属线路 | 日期 | 台区同期线损 | | | | |
| --- | --- | --- | --- | --- | --- | --- | --- | --- | --- |
| | | | | | 线损率(%) | 输入电量(kW·h) | 输出电量(kW·h) | 售电量(kW·h) | 损失电量(kW·h) |
| 1 | 514•••0715 | 电网•••••••••••台变 | 10kV义龙线 | 2021-05-03 | 1.1524 | 215.2000 | 0.0000 | 212.7200 | 2.4800 |
| 2 | 514•••0715 | 电网•••••••••••台变 | 10kV义龙线 | 2021-05-04 | 2.5932 | 171.6000 | 0.0000 | 167.1500 | 4.4500 |
| 3 | 514•••0715 | 电网•••••••••••台变 | 10kV义龙线 | 2021-05-05 | 2.2920 | 141.8000 | 0.0000 | 138.5500 | 3.2500 |
| 4 | 514•••0715 | 电网•••••••••••台变 | 10kV义龙线 | 2021-05-06 | 1.7213 | 158.6000 | 0.0000 | 155.8700 | 2.7300 |
| 5 | 514•••0715 | 电网•••••••••••台变 | 10kV义龙线 | 2021-05-07 | 1.9051 | 158.0000 | 0.0000 | 154.9900 | 3.0100 |
| 6 | 514•••0715 | 电网•••••••••••台变 | 10kV义龙线 | 2021-05-08 | –100.0000 | 0.0000 | 0.0000 | 179.9800 | –179.9800 |
| 7 | 514•••0715 | 电网•••••••••••台变 | 10kV义龙线 | 2021-05-09 | –100.0000 | 0.0000 | 0.0000 | 169.1100 | –169.1100 |
| 8 | 514•••0715 | 电网•••••••••••台变 | 10kV义龙线 | 2021-05-10 | 99.9503 | 295262.0000 | 0.0000 | 146.8400 | 295115.1600 |
| 9 | 514•••0715 | 电网•••••••••••台变 | 10kV义龙线 | 合计 | 99.55 | 296107.2 | 0 | 1325.21 | 294781.99 |

图 4-65　电网 10 kV 义龙线黎家寺 1 号台变（5 月 3~10 日）

异常分析：在用采系统查询该台区总表表底情况，发现该台区总表 5 月 8 日采集失败（导致该台区总表电量为 0，10 kV 义龙线路高损）。5 月 9 日进行了表计更换（见图 4-66）。进一步核查 SG186 系统，发现在 SG186 系统中执行该台区总表换表流程时间为 5 月 10 日（见图 4-67）。确定该台区因换台区总表后未按规定执行流程，导致同期线损系统在 5 月 9 日该台区电量为 0 kWh，5 月 10 日电量为 295262 kWh，造成 10 kV 义龙线 5 月 9 日高损，5 月 10 日负损。

通过同期系统分线或分台区日线损分析，可以及时发现线路或台区出现的高、负损问题，并通过与 SG186 系统、用采系统的对比，可以明确换表流程是否规范，电量是否准确。

图 4-66　该台区用采系统 2021 年 5 月 1~14 日台区总表表底数

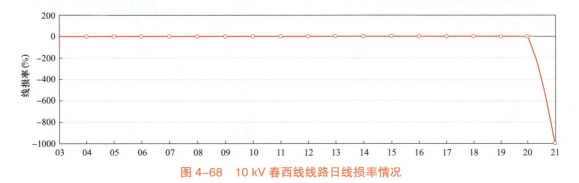

图 4-67　该台区在 SG186 系统换表流程时间

## 二、异常类型：系统未调试

### 案例 17：换表后用采系统未调试

**线路名称：** 10 kV 春西线

**基本情况：** 2021 年 11 月 21 日，10 kV 春西线日线损率突降，线损率为 −999%，严重异常，如图 4-68 所示。

图 4-68　10 kV 春西线线路日线损率情况

**初步核查**：经核实，当日春西线售电量高达 1491173 kWh，初步判定是高压用户日用电量出现异常。经过系统查看，高压用户（仪陇 ** 排水有限公司），11 月 21 日用户用电量 1464948 kWh，而该用户日正常用电量约 1200 kWh。仪陇 ** 排水有限公司用电情况如图 4-69 所示。

| | | 电量分析 | | | |
|---|---|---|---|---|---|
| 序号 | 日期 | 表号 | 正向加减关系 | 正向电量 | 正向上表底 |
| 1 | 2021-11-21 | 228***002075340175 | 正向加 | 1464948.00 | 4882.52 |
| 2 | 2021-11-20 | 228***002075340175 | 正向加 | 1218.00 | 4878.46 |
| 3 | 2021-11-19 | 228***002075340175 | 正向加 | 1221.00 | 4874.39 |
| 4 | 2021-11-18 | 228***002075340175 | 正向加 | 1251.00 | 4870.22 |
| 5 | 2021-11-17 | 228***002075340175 | 正向加 | 1383.00 | 4865.61 |
| 6 | 2021-11-16 | 228***002075340175 | 正向加 | 1392.00 | 4860.97 |
| 7 | 2021-11-15 | 228***002075340175 | 正向加 | 1071.00 | 4857.40 |
| 8 | 2021-11-14 | 228***002075340175 | 正向加 | 1158.00 | 4853.54 |
| 9 | 2021-11-13 | 228***002075340175 | 正向加 | 1353.00 | 4849.03 |
| 10 | 2021-11-12 | 228***002075340175 | 正向加 | 1197.00 | 4845.04 |
| 11 | 2021-11-11 | 228***002075340175 | 正向加 | 1287.00 | 4840.75 |
| 12 | 2021-11-10 | 228***002075340175 | 正向加 | 1161.00 | 4836.88 |
| 13 | 2021-11-09 | 228***002075340175 | 正向加 | 1314.00 | 4832.50 |
| 14 | 2021-11-08 | 228***002075340175 | 正向加 | 1083.00 | 4828.89 |

图 4-69　仪陇 ** 排水有限公司用电情况（11 月 8~21 日）

查询用采系统该用户 11 月 21 日前后表底情况，如图 4-70 所示。可以看出，11 月 22 日零点冻结数字和 11 月 21 日零点冻结数字一致，均为 4882.84，终端抄表时间均为 "2021-11-21 07:56:00"，造成系统中 21 日日电量异常。

查询 SG186 系统，发现该高压用户于 2021 年 11 月 21 日上午换表，换表后同步了采集，但未在用采系统进行调试，造成用采系统仍冻结原旧表数据，引起表底异常，造成线损率计算异常。

| 据查询 | 穿透抄表 × | 运行状态查询 × | | | |
|---|---|---|---|---|---|
| 电流曲线 | 功率曲线 | 表码曲线 | 最大需量 | 电量 负荷 购电信息 | 用电异常 全事件信息 |

开始日期：2021-11-15　　结束日期：2021-11-22

| | 抄表日期 | 终端抄表时间 | 采集入库时间 | 总 | 尖 |
|---|---|---|---|---|---|
| 0239710321 | 2021-11-22 | 2021-11-21 07:56:00 | 2021-11-23 00:53:09 | 4882.8400 | 0.0000 |
| 0239710321 | 2021-11-21 | 2021-11-21 07:56:00 | 2021-11-22 01:16:12 | 4882.8400 | 0.0000 |
| 0239710321 | 2021-11-20 | 2021-11-21 00:00:00 | 2021-11-21 00:57:16 | 4882.5200 | 0.0000 |
| 0239710321 | 2021-11-19 | 2021-11-20 00:01:00 | 2021-11-20 00:51:48 | 4878.4600 | 0.0000 |
| 0239710321 | 2021-11-18 | 2021-11-19 00:00:00 | 2021-11-19 01:13:41 | 4874.3900 | 0.0000 |
| 0239710321 | 2021-11-17 | 2021-11-18 00:00:00 | 2021-11-18 01:01:56 | 4870.2200 | 0.0000 |
| 0239710321 | 2021-11-16 | 2021-11-17 00:00:00 | 2021-11-17 01:02:43 | 4865.6100 | 0.0000 |

图 4-70　仪陇国润排水有限公司表底情况

治理成效：对用采系统中该高压用户进行如下操作：（选中对应终端）→测量总加→终端管理→允许修改→复位命令→参数（不包括通信相关）及数据区初始化→执行（等 5~10 分钟）→选中对应测量点（编辑测量点）→序号改为实际序号（保存）→下发参数（确定下发成功）→进随机采集看表底是否正确，11 月 22 日后 10 kV 春西线日线损率正常，如图 4-71 所示。

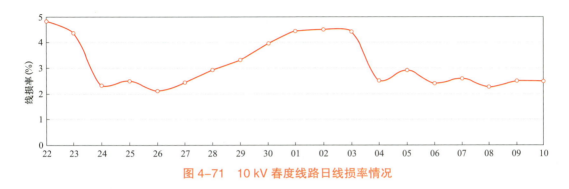

图 4-71　10 kV 春度线路日线损率情况

# 第六节　窃电因素

用户窃电会导致线路线损率升高。随着用采系统、同期线损系统的深入应用，对用户违规用电的监控更加高效、科学，用户窃电情况逐步减少。线损日常管理中，应结合线损率变化和用户用电情况开展用户违规用电检查，降低线损率。

异常类型：用户窃电

**案例 18：嵌入遥控电路板窃电**

线路名称：10 kV 芦搬线

基本情况：该线路属农网线路，线路全长 6.4 km，下接公用变压器台区 84 个，专用变压器客户 22 户，小水电上网 1 处。线路理论线损率 2.58%。线路自 2019 年 12 月 2 日以来，线损率一直呈高损（见图 4-72）。

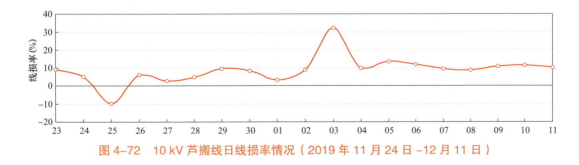

图 4-72　10 kV 芦搬线日线损率情况（2019 年 11 月 24 日~12 月 11 日）

初步核查：开展线路互供和线变关系现场核查，确认该线路与 10 kV 荆搬一线联络点处于断开状态，上网小水电关口配置正确。公用变压器、专用变压器所属线路正确。公用、专用变压器计量互感器倍率均与 SG186 系统、采集系统档案一致。各台区线损率均合格，专用变压器计量装置无接线错误和计量故障，无明显电量波动的专用变压器客户。

2020 年 6 月 24 日，该线路线损率突然降到 3% 左右，并持续到 2020 年 7 月 2 日。7 月 3 日，线路线损率又恢复到 8% 左右，该期间运行方式无变化，无新投变压器，相关台区线损率全合格，初步判断有专用变压器客户窃电（见图 4-73）。

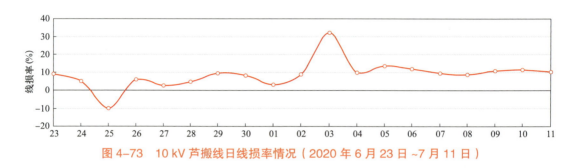

图 4-73　10 kV 芦搬线日线损率情况（2020 年 6 月 23 日 ~7 月 11 日）

**异常分析**：对该线路专用变压器客户在 6 月 24 日 ~7 月 2 日期间的用电量情况逐一排查，发现线路上某建材公司在此期间电量波动情况与线路线损波动情况相一致，查看用采系统，在线路线损率正常期间，该客户电流值是线损异常期间的 2 倍，有短接计量电流窃电嫌疑（见图 4-74 和图 4-75）。

图 4-74　10 kV 芦搬线客户日用电量情况（2020 年 6 月 22 日 ~7 月 6 日）

图 4–75　10 kV 芦搬线客户电流曲线情况（2020 年 6 月 30 日 ~7 月 6 日）

**现场排查：** 结合系统数据分析，2020 年 7 月 7 日下午，对该户高压计量装置进行开箱检查。通过钳形电流表测量，发现该用户高压计量装置配备的联合接线盒进出电流不一致，接线盒到高压表上的进线电流相较于 TA 到接线盒的进线电流严重偏小，怀疑接线盒内部存在异常。当即将存在问题的接线盒更换，并进行现场拆解，发现接线盒背盖内藏有电路板（见图 4–76）。该客户是通过遥控崁入电路板来减少接线盒流入电能表进线侧的电流，从而达到窃电的目的，引起线路高损。

图 4–76　该客户涉案接线盒图片

**治理成效：** 通过对该窃电客户计量装置的治理，线路线损率降为 2.87%，治理合格（见图 4–77）。后续在公安部门的大力配合支持下，对窃电者进行处理，追补电量 39.92 万 kWh，追补电费及违约使用电费合计 67.77 万元，当事人被法院判处有期徒刑 3 年，缓刑 4 年。

图 4–77　10 kV 芦搬线治理后线损率情况

## 案例 19：绕过总表接线窃电

**线路名称：** 10 kV 凤多 I 线

**基本情况：** 该线路 2012 年投运。该线路下接公用变压器台区 15 个，专用变压器用户 3户，线路线损率偏高，2020 年 5 月 27 日开始线损率出现异常波动。该线路日线损率情况如图 4–78 所示。

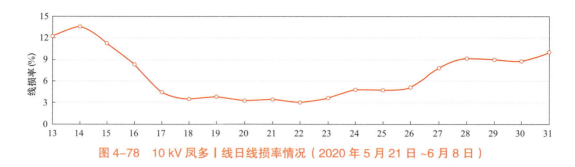

图 4-78　10 kV 凤多Ⅰ线日线损率情况（2020 年 5 月 21 日~6 月 8 日）

**初步核查：**从该线路同期日线损率的变化情况来看，在 2020 年 5 月 23 日~6 月 8 日期间，线路线损率由 5 月 23 日最低 3.64%，6 月 8 日升至 11.73%，波动较大，该线路线损率异常。

**异常分析：**开展线变关系核查、线路下专用变压器用户电量核查、线路下公用变压器台区线损率核查，均未发现问题。对比 5 月 25 日和 6 月 8 日台区总表电量后（见图 4-79 和图 4-80），发现台区"电网多扶古镇 2 箱式变电站 1 号变压器"电量存在问题（见图 4-81 和图 4-82）。线路线损率偏高时，该台区用电量较低，线路线损率偏低时，该台区用电量较高，因此锁定该台区下用户异常。进一步对台区下用户进行电量比对（采用 5 月 25 日和 6 月 8 日的数据），发现用户"四川 ** 旅游投资有限公司办公室"电量存在异常（见图 4-83 和图 4-84），有绕过台区总表偷电的嫌疑。

图 4-79　10 kV 凤多Ⅰ线下台区 5 月 25 日输入电量

图 4-80　10 kV 凤多Ⅰ线下台区 6 月 8 日输入电量

**图 4-81　电网多扶古镇 2 号箱式变电站 1 号台区 5 月 25 日线损率**

**图 4-82　电网多扶古镇 2 号箱式变电站 1 号台区 6 月 8 日线损率**

| 序号 | 用户编号 | 用户名称 | 用电地址 | 所属台区 | 日期 | 用电量（kWh） |
|---|---|---|---|---|---|---|
| 1 | 008***3714 | 四川 ** 食品有限公司 | 四川省南充市…… | 电网_多扶古镇2号箱式变电站1号变压器 | 2020-05-25 | 282.8 |
| 2 | 041***3958 | 四川 ** 旅游投资有限公司 | 四川省南充市…… | 电网_多扶古镇2号箱式变电站1号变压器 | 2020-05-25 | 0.0 |
| 3 | 070***4953 | 任 ** | 四川省南充市…… | 电网_多扶古镇2号箱式变电站1号变压器 | 2020-05-25 | 0.05 |
| 4 | 081***2417 | 赵 ** | 四川省南充市…… | 电网_多扶古镇2号箱式变电站1号变压器 | 2020-05-25 | 1.3 |
| 5 | 111***8076 | 陈 ** | 四川省南充市…… | 电网_多扶古镇2号箱式变电站1号变压器 | 2020-05-25 | 0.0 |
| 6 | 111***0679 | 四川 ** 旅游投资有限公司办公室 | 四川省南充市…… | 电网_多扶古镇2号箱式变电站1号变压器 | 2020-05-25 | 830.6 |
| 7 | 111***6791 | 乔 * | 四川省南充市…… | 电网_多扶古镇2号箱式变电站1号变压器 | 2020-05-25 | 0.0 |
| 8 | 118***3678 | 西充县 ** | 四川省南充市…… | 电网_多扶古镇2号箱式变电站1号变压器 | 2020-05-25 | 8.0 |
| 9 | 133***4228 | 任 * | 四川省南充市…… | 电网_多扶古镇2号箱式变电站1号变压器 | 2020-05-25 | 5.15 |
| 10 | 133***5973 | 任 * | 四川省南充市…… | 电网_多扶古镇2号箱式变电站1号变压器 | 2020-05-25 | 2.25 |
| 11 | 133***8377 | 任 * | 四川省南充市…… | 电网_多扶古镇2号箱式变电站1号变压器 | 2020-05-25 | 0.3 |
| 12 | 133***6301 | 杜 ** | 四川省南充市…… | 电网_多扶古镇2号箱式变电站1号变压器 | 2020-05-25 | 0.0 |
| 13 | 133***7577 | 杜 ** | 四川省南充市…… | 电网_多扶古镇2号箱式变电站1号变压器 | 2020-05-25 | 0.0 |
| 14 | 133***9313 | 杜 ** | 四川省南充市…… | 电网_多扶古镇2号箱式变电站1号变压器 | 2020-05-25 | 0.0 |
| 15 | 135***1031 | 四川 ** 旅游投资有限公司 | 四川省南充市…… | 电网_多扶古镇2号箱式变电站1号变压器 | 2020-05-25 | 0.0 |

30 ▾ ｜◄◄ ◄ 1/7 ► ►►◄ ℃　　　　　当前总记:总记:

**图 4-83　四川 ** 旅游投资有限公司办公室 5 月 25 日用电量**

| 序号 | 用户编号 | 用户名称 | 用电地址 | 所属台区 | 日期 | 用电量（kWh） |
|---|---|---|---|---|---|---|
| 1 | 008***3714 | 四川 ** … | 四川省南充市…… | 电网_多扶古镇2号箱式变电站1号变压器 | 2020-06-08 | 325.4 |
| 2 | 041***3958 | 四川 ** 旅… | 四川省南充市…… | 电网_多扶古镇2号箱式变电站1号变压器 | 2020-06-08 | 0.0 |
| 3 | 070***4953 | 任 ** 9幢 | 四川省南充市…… | 电网_多扶古镇2号箱式变电站1号变压器 | 2020-06-08 | 0.08 |
| 4 | 081***2417 | 赵 ** | 四川省南充市…… | 电网_多扶古镇2号箱式变电站1号变压器 | 2020-06-08 | 2.33 |
| 5 | 111***8076 | 陈 ** | 四川省南充市…… | 电网_多扶古镇2号箱式变电站1号变压器 | 2020-06-08 | 0.01 |
| 6 | 111***0679 | 四川 ** 旅… | 四川省南充市…… | 电网_多扶古镇2号箱式变电站1号变压器 | 2020-06-08 | 258.6 |
| 7 | 111***6791 | 乔 * | 四川省南充市…… | 电网_多扶古镇2号箱式变电站1号变压器 | 2020-06-08 | 0.0 |
| 8 | 118***3678 | 西充 ** … | 四川省南充市…… | 电网_多扶古镇2号箱式变电站1号变压器 | 2020-06-08 | 5.6 |
| 9 | 133***4228 | 任 * | 四川省南充市…… | 电网_多扶古镇2号箱式变电站1号变压器 | 2020-06-08 | 3.93 |
| 10 | 133***5973 | 任 * | 四川省南充市…… | 电网_多扶古镇2号箱式变电站1号变压器 | 2020-06-08 | 2.7 |
| 11 | 133***8377 | 任 * | 四川省南充市…… | 电网_多扶古镇2号箱式变电站1号变压器 | 2020-06-08 | 0.31 |
| 12 | 133***6301 | 杜 ** | 四川省南充市…… | 电网_多扶古镇2号箱式变电站1号变压器 | 2020-06-08 | 0.0 |
| 13 | 133***7577 | 杜 ** | 四川省南充市…… | 电网_多扶古镇2号箱式变电站1号变压器 | 2020-06-08 | 0.0 |
| 14 | 133***9313 | 杜 ** | 四川省南充市…… | 电网_多扶古镇2号箱式变电站1号变压器 | 2020-06-08 | 0.0 |
| 15 | 135***1031 | 四川 ** 旅… | 四川省南充市…… | 电网_多扶古镇2号箱式变电站1号变压器 | 2020-06-08 | 0.0 |

**图 4-84　四川 ** 旅游投资有限公司办公室 6 月 8 日用电量**

**现场排查：**结合系统数据分析进行现场核查。经过多次核查，确认四川 ** 旅游投资有限公司断断续续偷电，引起 10 kV 线路线损率波动异常。于 6 月 23 日进行了现场处罚，追补电量 3.5 万 kWh。现场窃电图片如图 4-85 所示。

图 4-85　现场窃电图片

**治理成效：**通过对该户违约用电处罚后，6 月 24 日该线路线损率恢复为 3.52%，从 6 月 24 日以来，该线路线损率均未超过 6%。该线路治理后线损率情况如图 4-86 所示。

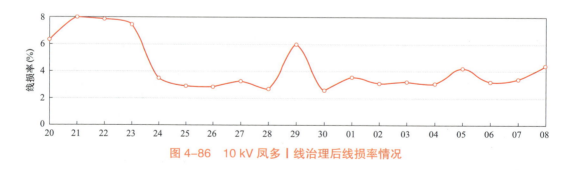

图 4-86　10 kV 凤多Ⅰ线治理后线损率情况

## 第七节　其他因素

线路线损率受到多种其他因素的影响，如线路线径细、线路供电半径长、负载率低等。

针对不同的情况，需要对线路进行改造或者调整负荷以降低线损率。本节中，选择两个线路轻载情况进行说明。

**异常类型：**线路轻载

**案例 20：线路负载率低**

**线路名称：**10 kV 塔雍线

**基本情况：**该线路是 110 kV 白塔站为雍景上河湾小区Ⅱ、Ⅲ期用户供电的线路。2019 年 1 月 23 日投运后，日线损率一直较高，在 12%~25% 之间，极不正常。该线路日线损率情况如图 4-87 所示。

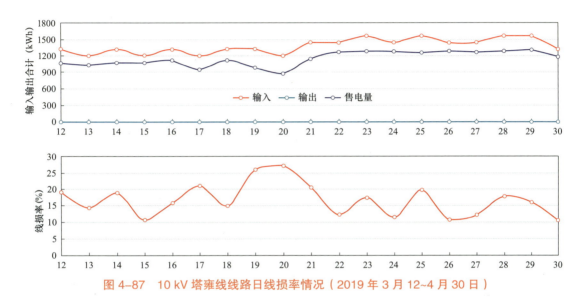

图 4-87　10 kV 塔雍线线路日线损率情况（2019 年 3 月 12~4 月 30 日）

**初步核查：**通过查看输入、输出电量，发现输入电量一直保持在 1200 kWh 左右，售电量保持在 910 kWh 左右。通过进一步核查现场与系统档案，该线路挂接有 9 个高压用户，17 个公用变压器，分别是 1 台 630 kVA 公用变压器、2 台 800 kVA 公用变压器、8 台 1000 kVA 公用变压器和 6 台 1250 kVA 公用变压器，系统档案与现场的线变关系正确，且全部贯通。

**异常分析：**开展现场核查确认线变关系无误后，了解到以下情况：该线路所供用户是雍景上河湾小区Ⅱ、Ⅲ期。小区刚建成，用户未入住，电量基本上产生于物业用电。由此分析出由于该线路变压器容量大、空载损耗高的问题，导致线路线损率一直较高，属于技术线损较高。于是提出了改进措施，调整部分负荷到该线路，以降低损耗。

10 kV 塔雍线线路日线损率情况如图 4-88 所示。

**治理成效：**通过逐步调整负荷以及小区入住率提升，线路日供电量达到 2 万 kWh 左右。该线路线损率降低至 3.5%~5.5% 之间，与理论计算值 3.2% 较为接近。

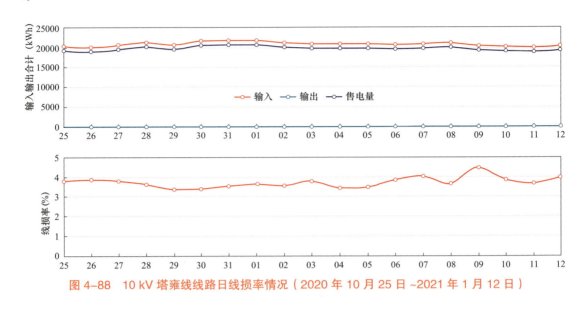

图 4-88  10 kV 塔雍线线路日线损率情况（2020 年 10 月 25 日 ~2021 年 1 月 12 日）

**案例 21：线路负载率低**

**线路名称：** 10 kV 东汉一线

**基本情况：** 该线路是 110 kV 河东站为高坪区安汉新区斋公山片区部分用户供电的线路。2021 年 9 月 18 日投运后，配电线路日线损率一直较高，在 13.24%~15.65% 之间，如图 4-89 所示。

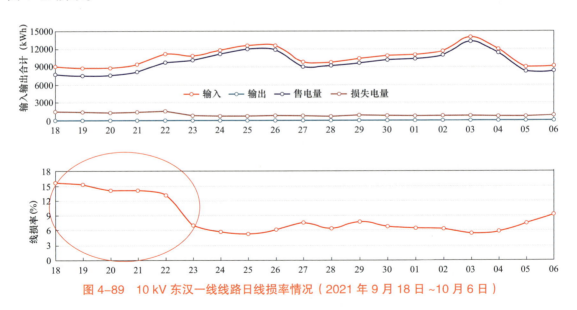

图 4-89  10 kV 东汉一线线路日线损率情况（2021 年 9 月 18 日 ~10 月 6 日）

**初步核查：** 查看输入、输出电量和售电量，发现输入电量一直保持在 8800 kWh，售电量保持在 7500 kWh 左右，排除换表或采集等引起的电量减少导致线损不正常的现象。通过档案与现场核查，确认该线路挂接的 7 个高压用户和 8 个台区相关线变关系正确，且全部贯通。电量、线损率情况如图 4-90 所示。

| 号 | 线路名称 | 日期 | 变电站名称 | 线损率(%) | 损失电量(kW·h) | 输入电量(kW·h) | 输出电量(kW·h) | 售电量(kW·h) |
|---|---|---|---|---|---|---|---|---|
| 009... | 10kV东汉一线 | 2021-09-19 | 南充.**站 | 15.3101 | 1347.2900 | 8800.0000 | 0.0000 | 7452.7100 |
| 009... | 10kV东汉一线 | 2021-09-20 | 南充.**站 | 14.0601 | 1237.2900 | 8800.0000 | 0.0000 | 7562.7100 |
| 009... | 10kV东汉一线 | 2021-09-21 | 南充.**站 | 14.0539 | 1326.6900 | 9440.0000 | 0.0000 | 8113.3100 |
| 009... | 10kV东汉一线 | 2021-09-22 | 南充.**站 | 13.2402 | 1482.9000 | 11200.0000 | 0.0000 | 9717.1000 |
| 009... | 10kV东汉一线 | 2021-09-23 | 南充.**站 | 7.0615 | 768.2900 | 10880.0000 | 0.0000 | 10111.7100 |
| 009... | 10kV东汉一线 | 2021-09-24 | 南充.**站 | 5.7085 | 675.8900 | 11840.0000 | 0.0000 | 11164.1100 |
| 009... | 10kV东汉一线 | 2021-09-25 | 南充.**站 | 5.1985 | 657.0900 | 12640.0000 | 0.0000 | 11982.9100 |
| 009... | 10kV东汉一线 | 2021-09-26 | 南充.**站 | 6.0292 | 762.0900 | 12640.0000 | 0.0000 | 11877.9100 |
| 009... | 10kV东汉一线 | 2021-09-27 | 南充.**站 | 7.4967 | 731.6800 | 9760.0000 | 0.0000 | 9028.3200 |
| 009... | 10kV东汉一线 | 2021-09-28 | 南充.**站 | 6.3616 | 620.8900 | 9760.0000 | 0.0000 | 9139.1100 |
| 009... | 10kV东汉一线 | 2021-09-29 | 南充.**站 | 7.7624 | 807.2900 | 10400.0000 | 0.0000 | 9592.7100 |
| 009... | 10kV东汉一线 | 2021-09-30 | 南充.**站 | 6.7563 | 735.0900 | 10880.0000 | 0.0000 | 10144.9100 |

开始时间：2021-09-18　结束时间：2021-09-30

图 4-90　10 kV 东汉一线线路电量情况（2021 年 9 月 18 日~10 月 6 日）

**异常分析：**开展线变关系现场核查无误后，了解到由于该线路所供用户是 ** 区安 ** 区 ** 景苑小区居民和物业。该小区是拆迁还房安置户且刚建成，用户未入住，售电量基本均为物业用电。变压器容量大、负荷轻、用电量小，典型的"大马拉小车"，导致线路线损率一直较高。改进措施：调整部分负荷到该线路，以升高负载率。调整后线路线损率情况如图 4-91 所示。

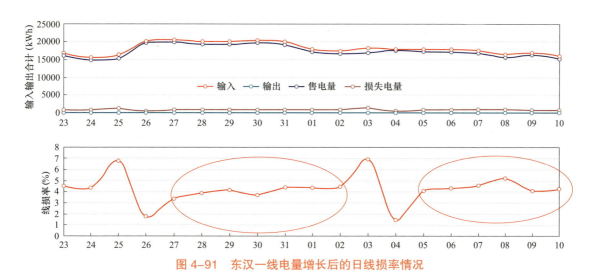

图 4-91　东汉一线电量增长后的日线损率情况

**治理成效：**将东汉二线上的鹏富房产恒大 ＊＊ 小区改到东汉一线后，随着线路负荷的增长，线路日供电量达到 1.7 万 kWh，该线路线损率一直保持在 4.2% 左右，线损水平处于正常状态，如图 4-92 所示。

| 开始时间：2022-01-01 | | | | | 结束时间：2022-01-10 | | |
|---|---|---|---|---|---|---|---|

导出 excel

| 线路名称 | 日期 | 变电站名称 | 线损率(%) | 损失电量(kW·h) | 输入电量(kW·h) | 输出电量(kW·h) | 售电量(kW·h) |
|---|---|---|---|---|---|---|---|
| ...10kV东汉一线 | 2022-01-01 | 南充. ＊＊ 站 | 4.3320 | 776.2900 | 17920.0000 | 0.0000 | 17143.7100 |
| ...10kV东汉一线 | 2022-01-02 | 南充. ＊＊ 站 | 4.4192 | 770.7000 | 17440.0000 | 0.0000 | 16669.3000 |
| ...10kV东汉一线 | 2022-01-03 | 南充. ＊＊ 站 | 7.0751 | 1290.4900 | 18240.0000 | 0.0000 | 16949.5100 |
| ...10kV东汉一线 | 2022-01-04 | 南充. ＊＊ 站 | 1.3521 | 242.2900 | 17920.0000 | 0.0000 | 17677.7100 |
| ...10kV东汉一线 | 2022-01-05 | 南充. ＊＊ 站 | 4.0285 | 721.9000 | 17920.0000 | 0.0000 | 17198.1000 |
| ...10kV东汉一线 | 2022-01-06 | 南充. ＊＊ 站 | 4.2695 | 765.0900 | 17920.0000 | 0.0000 | 17154.9100 |
| ...10kV东汉一线 | 2022-01-07 | 南充. ＊＊ 站 | 4.5312 | 797.4900 | 17600.0000 | 0.0000 | 16802.5100 |
| ...10kV东汉一线 | 2022-01-08 | 南充. ＊＊ 站 | 5.2033 | 857.5000 | 16480.0000 | 0.0000 | 15622.5000 |
| ...10kV东汉一线 | 2022-01-09 | 南充. ＊＊ 站 | 4.0630 | 689.0900 | 16960.0000 | 0.0000 | 16270.9100 |
| ...10kV东汉一线 | 2022-01-10 | 南充. ＊＊ 站 | 4.2355 | 670.9000 | 15840.0000 | 0.0000 | 15169.1000 |
| ...10kV东汉一线 | 合计 | 南充. ＊＊ 站 | 4.35 | 7581.74 | 174240.00 | 0.00 | 166658.26 |

图 4-92 东汉一线治理后线路日线损率情况（2022 年 1 月 1~10 日）

# 第五章 台区线损率异常治理案例

## 第一节 档案因素

档案异常是影响台区线损率的较常见的因素,治理难度较低。在发现台区线损率异常时,一般优先分析是否存在档案异常。档案异常主要包括设备新投异动不规范、变户关系异常、设备档案类型不正确、表计档案异常等。

### 一、异常类型:变户关系异常

**案例 1:用户档案未及时同步**

**台区名称:** 电网 _10 kV 回镇线澳林春天小区 1 号台变

**基本情况:** 该台区 2021 年 12 月 26 日,线损率为 −1.43%,为负损。之前该台区线损率维持在 3% 左右。该台区日线损率情况如图 5-1 所示。

图 5-1 该台区日线损率情况(2021 年 12 月 23 日 ~2022 年 1 月 10 日)

**初步核查:** 将台区内用户与 SG186 系统档案进行比对,发现同期线损系统中台区内多了"王 * 春"用户。查看用户档案,发现该用户档案已于 12 月 25 日由"澳林春天小区 1 号台变"调整至"下西街 2 号台变"。但仅在 SG186 系统内进行了调整(见图 5-2),未同步更新贯通至同期线损系统,导致该台区当日多了该用户电量 50.69 kWh(见图 5-3)。

剔除该户售电量后,台区线损率约为 2.86%。

图 5-2　该用户档案情况

| 序号 | 用户名称 | 计量点编号 | 计量点名称 | 倍率 | 上表底 | 下表底 | 本期电量 |
|---|---|---|---|---|---|---|---|
| 1 | 胡*德 | 9502831413 | 胡*德 | 1.0 | 2827.25 | 2831.69 | 4.44 |
| 2 | 李*全 | 9502835146 | 李*全 | 1.0 | 5164.66 | 5170.11 | 5.45 |
| 3 | 何*银 | 9502839321 | 何*银 | 1.0 | 9151.79 | 9153.45 | 1.66 |
| 4 | 毛*淑 | 9502844384 | 毛*淑 | 1.0 | 6390.86 | 6401.88 | 11.02 |
| 5 | 李*元 | 9502857064 | 李*元 | 1.0 | 5003.51 | 5006.80 | 3.29 |
| 6 | 王*春 | 9502877167 | 王*春 | 1.0 | 1317.57 | 1368.26 | 50.69 |
| 7 | 王*平 | 9502904564 | 王*平 | 1.0 | 2132.80 | 2142.20 | 9.40 |

图 5-3　王*春用户电量情况

**案例 2：变户关系错误**

**台区名称：** 电网 _10 kV 岭鸣线双龙桥 2 号台变

**基本情况：** 该台区属农网台区，2021 年 6 月 18 日，台区线损率为负，之前该台区线损率均在 3% 左右。该台区线损率情况如图 5-4 所示。

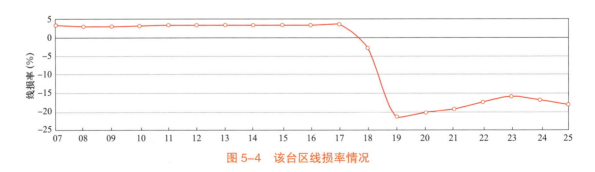

图 5-4　该台区线损率情况

**初步核查：** 开展现场档案核实，确认互感器倍率与 SG186 系统档案一致。进一步核实变户关系，发现同期系统中该台区用户较用采系统多一户——"中国 ** 股份有限南充市分公司"。系统用户数量对比情况如图 5-5 和图 5-6 所示。

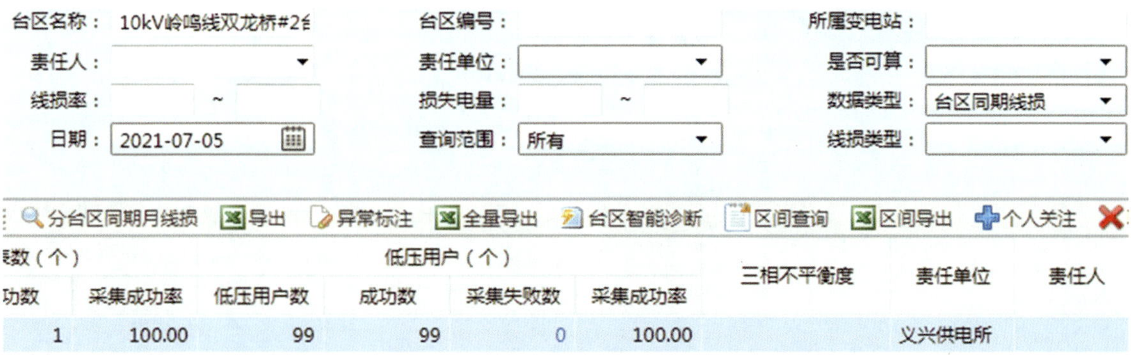

图 5-5　同期系统该台区 2021 年 7 月 5 日低压用户数

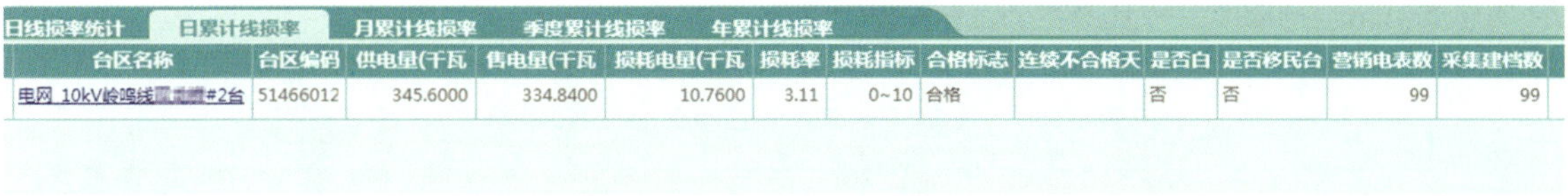

图 5-6　用采系统该台区 2021 年 7 月 05 日台区总表数

**异常分析**：经核实，该用户"中国 ** 股份有限南充市分公司"在 SG186 系统中属于台区"电网 _10 kV 义狮线青狮政府台变"下用户（见图 5-7）。用采系统和 SG186 系统正常（见图 5-8），PMS 系统中档案异常，存在变户关系异常的问题。

图 5-7　中国 ** 股份有限南充市分公司在 SG186 系统档案情况

图 5-8　中国铁塔股份有限南充市分公司在用采系统档案

治理成效：通过对 PMS 系统对该用户进行调整，电网 _10 kV 岭鸣线双龙桥 2 号台变线损率恢复正常，线损率均在 3% 左右，如图 5-9 所示。

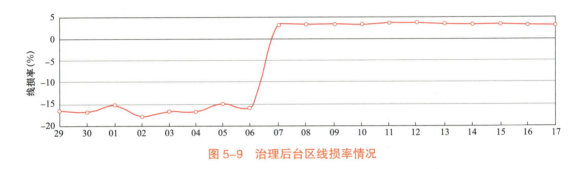

图 5-9　治理后台区线损率情况

**案例 3：用户档案未同步**

台区名称：电网 _ 惠明村 D 变压器

基本情况：该台区 T 接于 10 kV 日来线，变压器容量为 50 kVA。低压线路主线路为两回（50 mm² 导线）三相四线制供电，供电半径约 780 m。2021 年 12 月 24~26 日，台区同期日线损在 15% 左右，线损率偏高。

初步分析：该台区在 2021 年 12 月 24 日前，台区日线损一直位于 5%~7% 之间。该台区在 2018 年农网改造后投运以来，线损率一直在合理区间。12 月 26 日后，线损率异常。根据现有低压供电线路、客户用电分布、日用电量情况，线损应该在 5%~7% 较为合理。通过现场核对，确认台区总表接线正确、集中器对时正常、TA 变比与各系统一致、二次接线正确、无功功率在合理范围。

异常分析：在同期线损系统中导出该台区 12 月 26 日台区用户售电量明细，合计值为 181.28 kWh，较实际售电量 202.94 kWh 少计 21.66 kWh。查看明细，发现缺失用户"唐 * 禄"。后续检查发现该用户实际在"惠明村 D 变"台区，但在同期系统中属于"惠明村 E 变"台区，造成"惠明村 D 变"台区高损而"惠明村 E 变"台区负损。

治理成效：12 月 28 日，对档案进行了同步，惠明村 D 变线损率恢复正常，如图 5-10 所示。

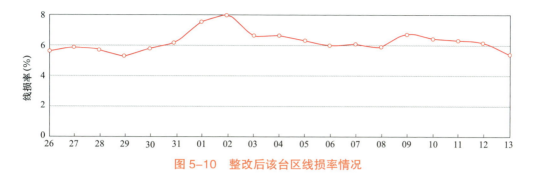

图 5-10 整改后该台区线损率情况

## 二、异常类型：光伏档案异常

### 案例 4：台区下光伏档案异常

**台区名称：**电网 _ 化马场镇 C 变压器

**基本情况：**该台区 T 接于 10 kV 观化线，变压器容量为 160 kVA，低压用电户数为 83 户，光伏发用户 1 户。2021 年 7 月 1~25 日，台区同期日线损率在 14.12%~22.77% 之间，线损率异常（见图 5-11）。

图 5-11 该台区同期日线损率（2021 年 7 月 1~25 日）

**初步分析：**该台区在 2021 年 7 月 1 日前，台区日线损率一直处于 3%~4% 之间（见图 5-12）。6 月 17 日至 7 月 25 日，该台区用采系统中线损率位于 2.76%~3.73% 之间，在合理线损范图，如图 5-13 所示。

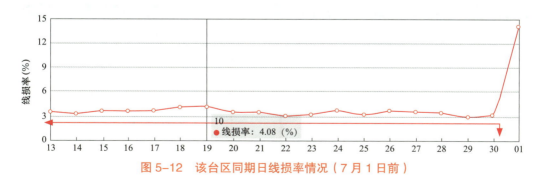

图 5-12 该台区同期日线损率情况（7 月 1 日前）

图 5-13　该台区用采系统线损率情况

**异常分析：** 7 月 1~25 日，用采系统与同期台区线损相差较大。经核对，该台区台户关系正确，户表贯通率为 100%。同期线损系统中户表数据完整。但发现光伏用户上下网配置错误，更改后如附图 5-14 所示。

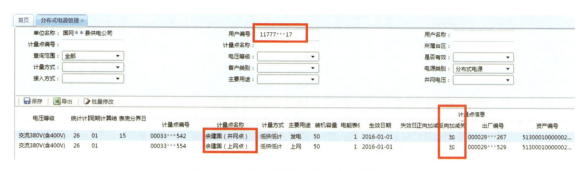

图 5-14　该台区下光伏用户配置情况

　　**治理成效：** 结合系统数据分析，2021 年 7 月 26 日，对该台区光伏发电用户更改配置，台区线损率恢复正常，如图 5-15 所示。

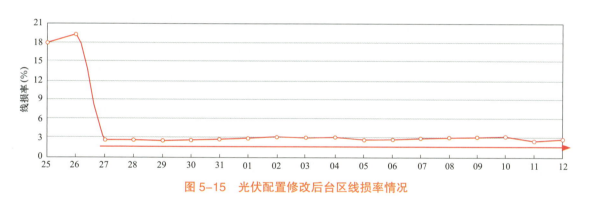

图 5-15　光伏配置修改后台区线损率情况

# 第二节　采集因素

　　采集异常是导致台区线损率异常的主要因素之一，主要有采集设备故障、软件版本低、参数错误等。因此，加强对采集设备、终端的维护，及时处理异常数据，提升采集数据质量是台区线损管理提升的主要工作内容。同时，通过现场分析和研判，系统比对和现场查看，有效地提高台区线损合格率。

## 一、异常类型：采集设备故障

### 案例 5：集中器冻结数据时间异常

　　**台区名称：** 电网 _10 kV 桃昊一线江南邮政所 1 号台变

　　**基本情况：** 该台区属场镇台区，变压器容量 400 kVA，低压用电户数 124 户，在 2021

年 9 月 21、10 月 3 日该台区日售电量分别突然陡增，造成台区日线损率异常。同期系统台区日线损率情况如图 5-16 所示。

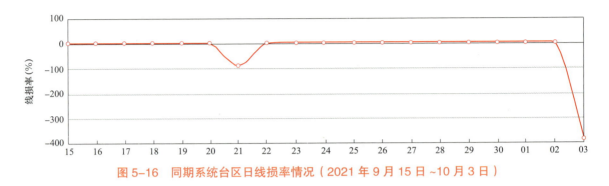

图 5-16 同期系统台区日线损率情况（2021 年 9 月 15 日~10 月 3 日）

**初步分析：**通过用采系统台区监控模块逐一排查日用电量异常低压用户，分别发现用户"庄＊荣"，9 月 21 日表码数据冻结止度为 5000.09 kWh，日售电量 809.47 kWh；用户编号"阆中＊＊猪肉店"，10 月 3 日表码数据冻结止度为 7414.46 kWh，日售电量 4024.19 kWh。依据两用户历史日用电量比对，初步判定两用户表计日冻结数据异常。电量异常用户明细情况如图 5-17 所示。

9 月 21 日、10 月 3 日售电量异常用户明细

| NO | 分量类型 | 用户名称 | 用户编码 | 电表地址 | 电表资产号 | 电量(kWh) | 起表码 | 止表码 | 写入时间 | TA | TV | 异常时间 |
|---|---|---|---|---|---|---|---|---|---|---|---|---|
| 1 | 居民用户 | 庄＊荣 | 0504***057 | 000040***779 | 5130001000000404***793 | 809.4700 | 4190.62 | 5000.09 | 2021-09-22 01:30:49 | 1 | 1 | 9 月 21 日 |
| 2 | 居民用户 | 阆中＊＊猪肉店 | 1056***698 | 000042***002 | 5130001000000422***024 | 4024.1900 | 3390.27 | 7414.46 | 2021-10-04 01:17:16 | 1 | 1 | 10 月 3 日 |

图 5-17 电量异常用户明细情况

**异常分析：**核查后，发现表计止度冻结数据时间无异常，均与其他户表冻结入库时间一致。但在核查用户"庄＊荣"9 月 21 日起度时，发现该用户表计采集系统表码数据入库时间为 21 日上午 8 时 12 分 41 秒，该台区内有 48 只户表冻结数据写入时间均在该时段。用户"阆中＊＊猪肉店"表码数据冻结时间在 10 月 3 日 5 时 11 分 48 秒，且这个时间段入库表计也较多，进一步证实属集中器冻结数据异常造成台区售电量虚增。异常电量表码数据写入时间明细如图 5-18 所示。

**现场排查：**结合系统排查数据分析，到现场对该台区集中器软件版本、参数、运行时间进行核查，同时也对数据冻结异常表计运行时间及表码止度进行核对。发现该集中器运行时间与实际时间存在差异，属集中器时钟超差影响冻结数据异常。

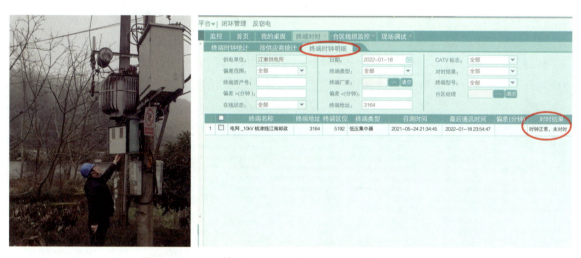

图 5-18　异常电量表码数据写入时间明细

　　**治理成效**：在采集系统对时钟超差的故障集中器进行人工对时（见图 5-19），为避免类似情况发生，同时，也对低压户表进行时钟对时。整改后该台区日线损率恢复正常，如图 5-20 所示。针对已治理合格的台区，售电量陡增，先在采集系统上逐一核对电量异常用户明细，并开展现场排查，核对集中器各项运行参数情况是否达到采集指标要求，发现故障及时进行采集消缺，才能提升台区各项采集数据质量，达到异常线损台区彻底治理。

图 5-19　现场故障集中器消缺及整改后集中器时钟情况

图 5-20　治理后的台区线损

## 案例 6：表计采集异常

**台区名称**：电网 _10 kV 龙大线龙蟠空顶山村 1 号台变

**基本情况：**该台区属农村台区，运行容量 50 kVA，低压用户数 78 户。台区自 2021 年 12 月 23 日线损率出现明显异常，如图 5–21 所示。

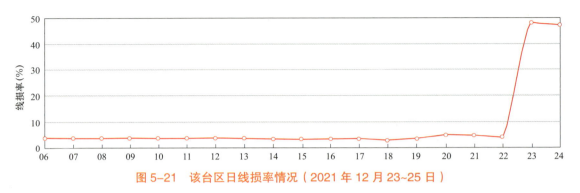

图 5–21　该台区日线损率情况（2021 年 12 月 23~25 日）

**初步分析：**开展现场核查，确认变户关系、考核计量互感器倍率与 SG186 系统、用采系统户表档案一致。

**异常分析：**通过查询 SG186 系统，发现该台区供电量较为平稳、变化幅度较小；售电量在 23 日突变为 105 kWh、变化幅度较大。初步怀疑为台区采集故障。

**问题排查：**经过现场、系统核对，该台区总表接线正常、采集正常。但在采集系统数据进行复核发现，有多只表计用户数据与上一日相同。经过现场查勘，该部分用户电量不为零。于是判断为采集系统表计采集数据异常。抄表数据情况如图 5–22 所示。

售电量明细（kWh）

| 用户名称 | 计量点编号 | 计量点名称 | 表号 | 出厂编号 | 资产编号 | 倍率 | 上表底 | 下表底 |
|---|---|---|---|---|---|---|---|---|
| 中国 * * 股份有限公司南充 | 00022048689 | 中国 ** 股份有限公司... | 80000020674 ***** | 000011928... | 51300010000001... | 1.0 | 78624.36 | |
| 中国 * * 股份有限公司南充 | 03380032387 | 中国 ** 股份有限公司... | 80000020812 ***** | 000023422... | 51015010000002... | 1.0 | 78228.83 | |
| 朱 * 俊(两保优惠户) | 03380003072 | 朱 * 俊(两保优惠户) | 80000020601 ***** | 000005311... | 51300010000000... | 1.0 | 12444.79 | 12452.21 |
| 刘 * 理 | 03380032366 | 刘 * 理 | 80000020601 ***** | 000005320... | 51300010000000... | 1.0 | 12173.12 | 12178.03 |
| 10村2社 刘 * 成(两保优惠户 | 03380032388 | 10村2社 刘 * 成(两保优... | 80000020601 ***** | 000005315... | 51300010000000... | 1.0 | 11622.98 | 11626.77 |
| 朱 * 军 | 00016862406 | 朱 * 军 | 80000020644 ***** | 000007420... | 51300010000000... | 1.0 | 10916.33 | 10927.00 |
| 龙蟠镇 * * 中站 | 00022197622 | 龙蟠镇 ** 中转站 | 80000020619 ***** | 000005327... | 51300010000000... | 1.0 | 9841.86 | 9847.71 |
| 朱 * 群 | 03380003099 | 朱 * 群 | 80000020601 ***** | 000005320... | 51300010000000... | 1.0 | 9063.41 | 9069.20 |
| 任 * 群 | 03380003097 | 任 * 群 | 80000020601 ***** | 000005314... | 51300010000000... | 1.0 | 8447.01 | 8449.74 |
| 刘 * 友(两保优惠户) | 03380032399 | 刘 * 友(两保优惠户) | 80000020601 ***** | 000005310... | 51300010000000... | 1.0 | 7876.60 | 7879.85 |
| 朱 * 江(两保优惠户) | 03380003101 | 朱 * 江(两保优惠户) | 80000020601 ***** | 000005325... | 51300010000000... | 1.0 | 7796.09 | 7801.28 |
| 朱 * 旭(两保优惠户) | 03380003081 | 朱 * 旭(两保优惠户) | 80000020601 ***** | 000005312... | 51300010000000... | 1.0 | 6720.33 | 6722.16 |
| 江 * 全(两保优惠户) | 03380032382 | 江 * 全(两保优惠户) | 80000020601 ***** | 000005311... | 51300010000000... | 1.0 | 6546.27 | 6546.27 |

用户编码：7814100124　开始日期：2021-12-21　结束日期：2021-12-25
电表列表：51015010000002

| | 电表资产号 | 抄表日期 | 终端抄表时间 | 采集入库时间 | 正向有功 | | | | | | |
|---|---|---|---|---|---|---|---|---|---|---|---|
| | | | | | 总 | 尖 | 峰 | 平 | 谷 | 总 | 尖 |
| 1 | 5101501000000234228473 | 2021-12-25 | 2021-12-26 00:15:00 | 2021-12-26 03:10:10 | 78383.0400 | 0.0000 | 26501.4500 | 26730.9700 | 25150.6200 | | |
| 2 | 5101501000000234228473 | 2021-12-24 | 2021-12-25 00:15:00 | 2021-12-25 03:01:53 | 78331.5000 | 0.0000 | 26484.0900 | 26713.2000 | 25134.2100 | | |
| 3 | 5101501000000234228473 | 2021-12-23 | 2021-12-24 10:36:00 | 2021-12-24 14:43:03 | 78280.2600 | 0.0000 | 26466.8500 | 26695.5800 | 25117.8300 | | |
| 4 | 5101501000000234228473 | 2021-12-22 | 2021-12-23 00:17:00 | 2021-12-23 01:39:28 | 78228.8300 | 0.0000 | 26449.3900 | 26678.0500 | 25101.3800 | | |
| 5 | 5101501000000234228473 | 2021-12-21 | 2021-12-22 00:18:00 | 2021-12-22 02:49:01 | 78177.9000 | 0.0000 | 26431.8200 | 26661.0500 | 25085.0200 | | |

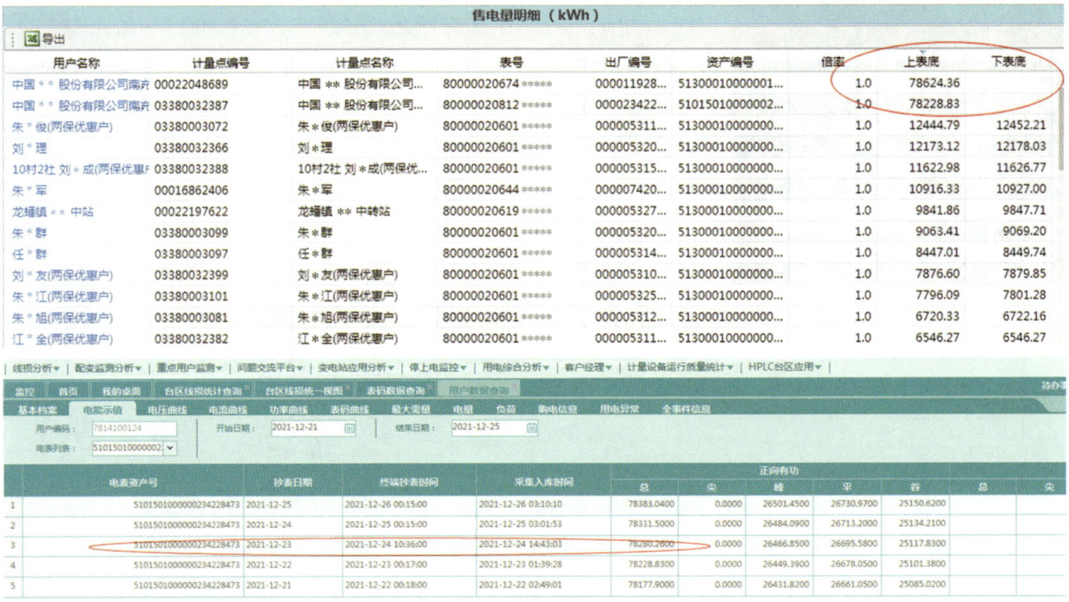

图 5–22　系统中抄表数据情况

**治理成效：**12 月 24 日，对集中器进行更换并对采集系统进行重新调试，于当日上午完成系统数据补录。经过治理，该台区自 12 月 25 日起恢复正常，线损率无异常波动，线损率恢复至 3.2% 左右，如图 5–23 所示。

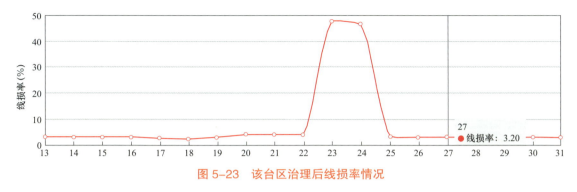

图 5-23　该台区治理后线损率情况

## 案例 7：采集终端异常

**台区名称：**电网 _10 kV 营水线河堰村 7 社西月湖公用变压器

**基本情况：**该台区 2019 年 5 月出现线损率高、负损波动，如图 5-24 所示。

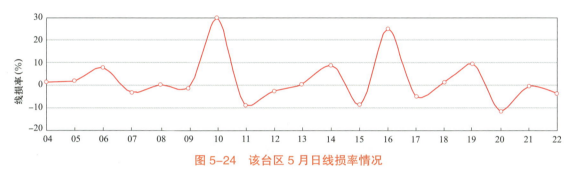

图 5-24　该台区 5 月日线损率情况

**初步核查：**从该台区近期日线损率的变化情况来看，该台区无采集不成功和营配贯通问题。但 5 月以来，累计负损 11 天，高损 5 天。通过对用采系统和同期线损系统数据的对比分析后，初步怀疑采集终端故障。

**异常分析：**对同期线损系统与 SG186 系统供售电量变化情况对比，发现售电量的变化趋势与当地气温的变化大致相同，初步判断该台区售电量相对真实。在 5 月 22 日对该台区采集终端进行更换。

**治理成效：**该台区采集终端生产厂家为 "科 ** 能科技股份有限公司"，终端型号为 "DJ**23-KD1**TG"，该型号终端常出现表底突变、冻结数据异常、采集不成功等异常。日常运维中应对采集错误率高的终端逐步进行校正、更换。更换采集终端后，该台区线损率稳定于 3% 左右。更换后线损率情况如图 5-25 所示。

图 5-25　该台区治理后线损率情况

**案例 8：采集终端冻结数据异常**

**台区名称：** 电网 _10 kV 升永线鲸鱼村 3 号台区变压器

**基本情况：** 该台区属农村台区，2021 年 1 月新投，容量 30 kVA，低压用电户数 35 户，台区自 2021 年 2 月 1 日投运后线损率一直呈负损、高损波动。该台区线损率情况图如图 5-26 所示。

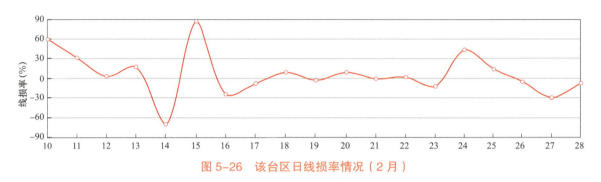

图 5-26 该台区日线损率情况（2 月）

**初步分析：** 开展现场核查，确认 SG186 系统、用采系统变户关系、关口计量互感器倍档案均与实际一致。

**异常分析：** 查询比对台区连续多日的用电量情况。针对出现供售电量差异值较大的日期，通过用采系统核查台区考核表计二次电压、电流负荷数据。通过供出电量与供入电量比对，结合现场抄表、核查计量装置二次档案数据，发现采集集中器冻结表底出现错误，如图 5-27 所示。

图 5-27 该台区电量比对情况

例如，该户 13 日采集穿透日冻结数据与 13 日随机冻结数据不一致。两者相差 24.32 kWh，存在这种异常类型的用户在该台区有 10 余户。

**治理成效：**对该台区集中器程序版本升级后，台区日供出、供入电量稳定，未出现忽高忽低的情况。台区线损率 4.21%。治理后台区线损率情况如图 5-28 所示。

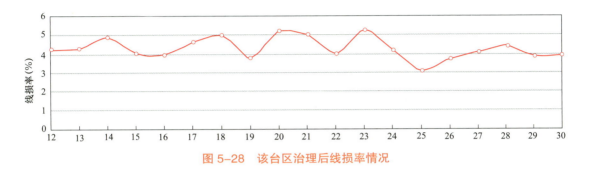

图 5-28　该台区治理后线损率情况

## 二、异常类型：采集设备软件问题

### 案例 9：采集设备参数错误

**台区名称：**10 kV 罗海线海田 2 村 1 号台区

**基本情况：**该台区属农村台区，台区容量 100 kVA，低压用户数 126 户。该台区从 6 月 3~9 日售电量多于供电量，出现负损。线损率情况如图 5-29 所示。

图 5-29　采系统该台区供、售电和线损率情况

**初步分析**：通过对比 SG186 系统和用采系统台区档案及历史数据，排除变户关系错误的问题。该台区无光伏发电用户档案，且为直通表，排除光伏档案及互感器故障原因。根据用采系统台区电能表数量，发现 6 月 2 日新增一用户，且从该用户建档之后台区线损一直为负。查看 SG186 系统，找出该新装用户"张 * 文"，通过用采系统查询该用户电能表冻结数据存在异常（电能表起度不为 0，系统从 1099.59 开始计度），初步怀疑电能表档案与系统不一致或电能表故障。现场进行表计检查，表计档案正确正常，但电能表显示度数为 0。新档案情况如图 5-30 所示。用户计量点表底情况如图 5-31 所示，现场表计情况如图 5-32 所示。

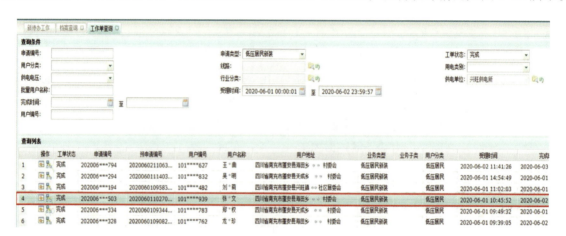

**图 5-30　G186 系统新装用户情况**

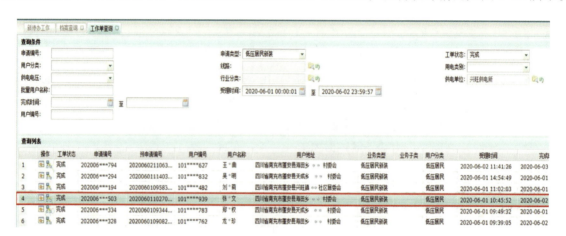

**图 5-31　户张 * 文表计表底冻结情况**

**图 5-32　张 * 文表计现场检查情况**

异常分析：根据张 * 文电能表异常冻结数据分析：一是集中器存在和张 * 文表计冻结示数一致的电能表档案；二是附近集中器存在和张 * 文表计冻结示数一致的电能表档案。

运用用采系统“现场调试”功能查看该终端张 * 文档案参数，发现测量点 136 参数未下发。对张 * 文终端档案进行参数召测，显示主站值通信地址与召测值存在差异。对召测通信电能表地址进行档案查询，发现该表地址为海田 3 村 3 号台区变压器用户李 * 贵 2 号电能表。通过用采系统系统查看用户李 * 贵 2 号电能表冻结示数，发现和用户张 * 文电能表冻结示数一致。用户张 * 文、李 * 贵表计参数情况及冻结表底情况如图 5–33 和图 5–34 所示。

参数召测

| 参数名称(对象序号) | 属性列 | 主站值 | 召测值 | |
|---|---|---|---|---|
| 终端表计/交流采样装置配置参数(136) | 电能表/交流采样序号 | 136 | 136 | ☐ |
| | 电能表/交流采样装置序号 | 136 | 136 | ☐ |
| | 接入终端通信端口号 | 31 | 31 | ☐ |
| | 通信波特率 | 2400 | 2400 | ☐ |
| | 通信规约类型 | DL/T645-2007规约 | DL/T645-2007规约 | ☐ |
| | 通信地址 | 000027344681 | 21687207 | ☑ |
| | 终端与表计通信的密码 | 0 | 000000000000 | ☐ |
| | 费率个数 | 4 | 4 | ☐ |
| | 电能示值整数位数 | 6 | 6 | ☐ |
| | 电能示值小数位数 | 2 | 2 | ☐ |
| | 采集器通信地址 | | | ☐ |
| | 用户分类 | 居民用户 | 居民用户 | ☐ |
| | 电表分类 | 缺省值 | 缺省值 | ☐ |

图 5–33　张 * 文电能表终端参数召测情况

| | 户名 | 户号 | 电表序列号 |
|---|---|---|---|
| ☑ | 李 * 贵2# | 9500053163 | 513000100 |
| ☐ | 张 * 文 | 1016467939 | 513990100 |

基本档案　电能示值　电压曲线　电流曲线　表码曲线　电量　负荷　购电信息　用电异常　全事件信息

用户编码：9500053163　开始日期：2020-06-02　结束日期：2020-06-09

电表列表：51300010000002

| | 电表资产号 | 抄表日期 | 终端抄表时间 | 采集入库时间 | 正向有功 | | | | |
|---|---|---|---|---|---|---|---|---|---|
| | | | | | 总 | 尖 | 峰 | 平 | 谷 |
| 1 | 5130001000000216872073 | 2020-06-08 | 2020-06-09 00:06:00 | 2020-06-09 01:16:20 | 1181.5900 | 0.0000 | 529.7900 | 440.4900 | 211.3100 |
| 2 | 5130001000000216872073 | 2020-06-07 | 2020-06-08 00:07:00 | 2020-06-08 01:23:56 | 1167.9200 | 0.0000 | 525.4600 | 435.6500 | 206.8000 |
| 3 | 5130001000000216872073 | 2020-06-06 | 2020-06-07 00:06:00 | 2020-06-07 01:25:42 | 1154.2000 | 0.0000 | 520.9500 | 430.5400 | 202.7100 |
| 4 | 5130001000000216872073 | 2020-06-05 | 2020-06-06 00:07:00 | 2020-06-06 01:31:49 | 1140.5700 | 0.0000 | 516.0100 | 426.2800 | 198.2700 |
| 5 | 5130001000000216872073 | 2020-06-04 | 2020-06-05 00:07:00 | 2020-06-05 01:27:07 | 1127.5400 | 0.0000 | 511.6600 | 422.1400 | 193.7300 |
| 6 | 5130001000000216872073 | 2020-06-03 | 2020-06-04 00:07:00 | 2020-06-04 05:07:22 | 1113.0100 | 0.0000 | 506.9600 | 416.7900 | 189.2500 |
| 7 | 5130001000000216872073 | 2020-06-02 | 2020-06-03 00:06:00 | 2020-06-03 12:55:37 | 1099.5900 | 0.0000 | 503.1300 | 411.6000 | 184.8500 |

图 5–34　李 * 贵 2 号电能表冻结示数情况

现场核实：海田 2 村 1 号台区变压器终端原来测量点序号 136 为用户李 * 贵 2 号电能表地址。该台区于 2018 年进行低电压改造，新增了 3 号台区。调整档案后未对海田 2 村 1 号台区变压器终端进行参数清理，且 6 月 2 日用户张 * 文新装挂接集中器后只对终端进行了同步，未下发参数，终端档案测量点序号刚好为 136。海田 2 村 3 号台区变压器距离 1 号台区变压器较近，导致终端误将 3 号台区用户李光贵 2 号当成用户张 * 文进行抄表。档案调整情况如图 5–35 所示。

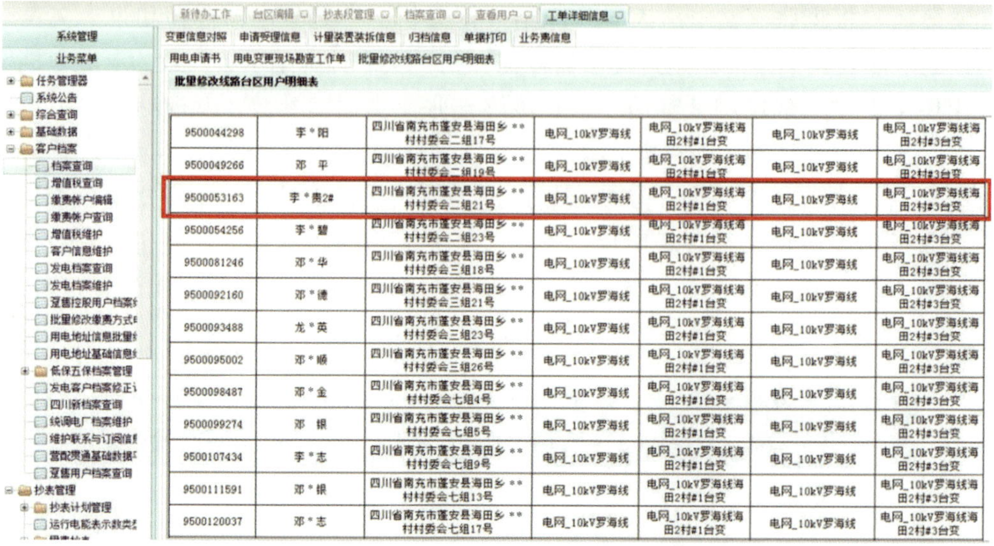

图 5-35　SG186 系统海田 2 村 1 号台区变压器台区档案调整情况

**治理成效：**对海田 2 村 1 号台区变压器终端进行参数清理，并重新进行下发终端用户档案参数后，电能表冻结数据恢复正常，台区线损率合格。治理后表底情况如图 5-36 所示，线损率情况如图 5-37 所示。

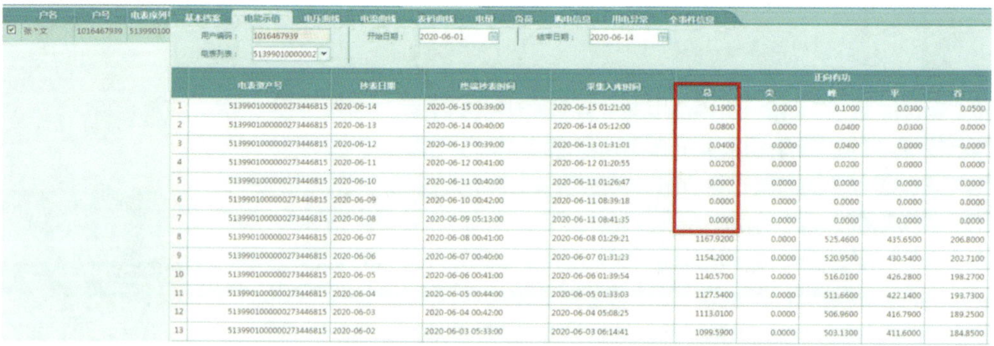

图 5-36　终端参数下发后用户张 * 文冻结示数情况

图 5-37　终端参数下发后台区线损情况

**案例 10：集中器软件版本低**

**典型台区：** 青华雅园公用变压器台区

**基本情况：** 该台区于 2011 年投运，属青华雅园小区公用变压器，有用户 218 户。该台区 2021 年 12 月 21~22 日线损率均为负损，之前该台区线损率均在 2% 左右。如图 5-38 所示。

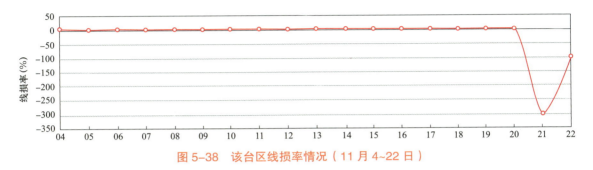

**图 5-38　该台区线损率情况（11 月 4~22 日）**

**初步核查：** 开展变户关系现场核查，确认计量互感器倍率与 SG186 系统一致，用户档案与现场一致。发现台区总表 21 号电量偏少，22 号电量为 0。进一步核实，发现在 11 月 21 日，更换过台区 2009 版考核表计。在表计更换次日发现台区考核表计仍然无采集电量，无冻结，后期通过人为补抄数据，将日冻结表底数据补抄。具体如图 5-39 和图 5-40 所示。

**图 5-39　青华雅园抄表时间**

**图 5-40　终端版本低补抄图**

**初步分析：** 从该台区近一年来同期月线损率的变化情况来看，台区线损率一直稳定在 4% 以下。在 11 月 21 日换表后，该台区线损出现零供电量状态。初步怀疑台区考核计量装置接线错误、终端和考核表计通信故障、终端软件版本低与 20 版表计不兼容等问题。

**深入分析：** 通过现场核查，确认表计接线无异常，表计正常走字，电压电流显示正常；通过核查考核表计和集中器的通信线接线情况，确认接线牢固可靠，终端与主站通信正常，信号良好。遂联系集中器厂家，对该集中器的软件版本进行召测，显示集中器版本为：16C3，该软件版本过低，导致对 20 版的表计不兼容。青华雅园集中器版本信息如图 5-41 所示。

图 5-41 青华雅园集中器版本信息

**异常治理：** 11 月 22 日，在该台区加装一台长沙 ** 信息技术有限公司终端，通过 485 线对 20 版的台区考核表计抄表。该台区目前日冻结正常，无须再手动补抄，同期线损系统线损率恢复正常。如图 5-42~图 5-44 所示。

图 5-42 青华雅园抄考核表终端信息

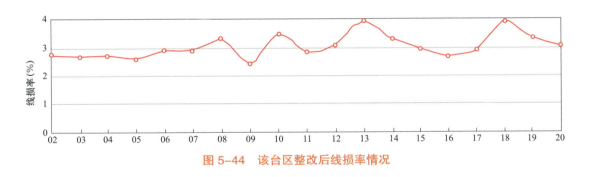

图 5-43　该台区考核表 2022 年 1 月 5~18 日冻结信息

图 5-44　该台区整改后线损率情况

## 三、异常类型：其他

### 案例 11：采集调试异常

**台区名称：** 电网 _10 kV 带陈一线满庭芳 2 号公用变压器

**基本情况：** 该台区属城市台区，低压用户数 321 户。台区自 2021 年 11 月 28 日线损率出现明显异常，如图 5-45 所示。

**初步分析：** 开展现场核查，确认现场变户关系、计量互感器倍率等档案参数与 SG186 系统、用采系统档案一致。

**异常分析：** 通过查询各系统，发现该台区售电量较为平稳、变化幅度较小；供电量在 11 月 28 日突变为 0、变化幅度较大；供电量变化期间线损率也同比出现大幅波动。初步确定为台区总表计量故障。

**问题治理：** 经系统查询，在 11 月 28 日更换了该台区考核表，并于当日完成换表流程和采集调试，如图 5-46~ 图 5-48 所示。由于采集调试抄表数据错误，导致 11 月 28~30 日该台区线损异常。

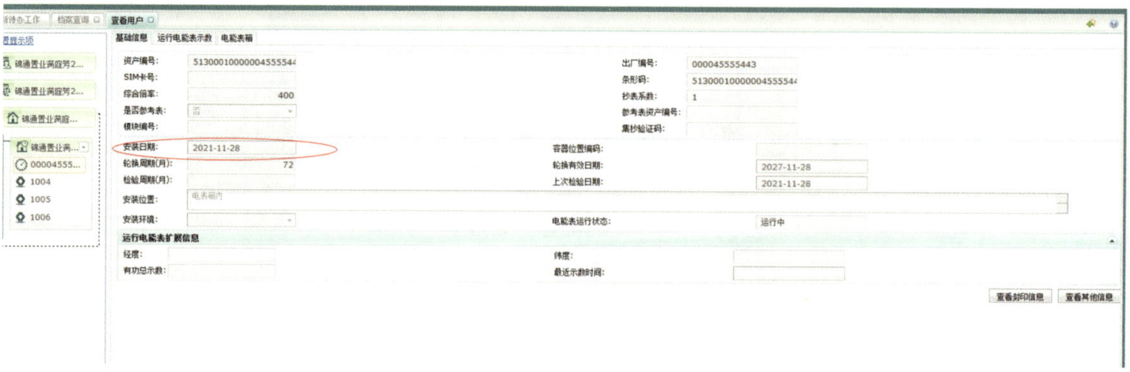

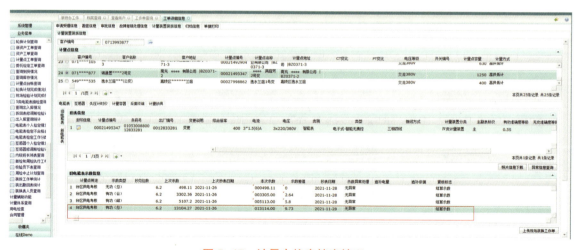

图 5-46　计量点换表档案情况 1

图 5-47　计量点换表档案情况 2

**治理成效：** 11 月 29 日，对集中器进行更换并对采集系统进行重新调试，于当日上午完成系统数据补录。经过治理，该台区自 12 月 1 日起恢复正常，线损率无异常波动，线损率恢复至 1.8% 左右，如图 5-49 所示。

图 5-48 抄表数据情况

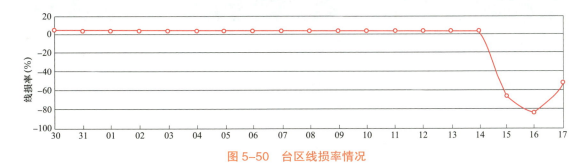

图 5-49 该台区治理后线损率情况

# 第三节 计量因素

计量问题是造成台区线损率异常的原因之一。主要有计量设备异常、表计故障等因素。维护好计量表计，确保电量正确计量是台区线损管控的重要手段。

## 一、异常类型：表计异常

### 案例 12：台区总表故障

**台区名称：** 电网 _10 kV 罗凤线凤石 8 村 3 号台变

**基本情况：** 2021 年 11 月 15 日，该台区线损率突变为负，如图 5-50 所示。

图 5-50 台区线损率情况

**初步分析：** 11 月 15 日前，该台区"三相不平衡度"因子值均在 50%~60% 之间，15 日起该台区三相不平衡度值较线损合格期间值增加 30% 左右，线损率被系统"合理区间分析"判定为"过小"异常。该台区其他因子正常计算时，台区线损合格率均在系统判定合理区间范围内，日均线损达标率在 3.8% 左右，如图 5-51 所示。仔细分析核对该台区近一周供电量，发现 15 日起台区日供电量较前日减少 50% 左右。通过用采系统台区总表电流曲线数据分析，发现台区 A 相电流从 11 月 15 日 15 时值突变趋于 0A（见图 5-52）。

**图 5-51　台区线损因子计算情况**

**图 5-52　台区总表电流曲线**

**异常分析：** 对该台区总表数据进行穿透、补抄比对，排除集中器曲线数据冻结异常。随后开展台区总表计量现场核查，发现该台区总表 A 相出线电流线烧坏，A 相进表电流实际测量值为 21.3 A，电能表显示值为 0.323 A，电能表显示值与采集系统曲线数据一致。因此判定台区总表 A 相电流线圈故障，造成电能表 A 相电流计量失真。如图 5-53~ 图 5-55 所示。

**图 5-53　台区总表接线 A 相烧坏情况**

**图 5-54　现场 A 相电流实际测量情况**

**图 5-55　现场电能表电流显示情况**

**异常治理：** 对故障表计进行了更换，11 月 18 日，该台区总表电流曲线及线损计算因子均恢复正常，线损合格率均在合理区间范围内，如图 5-56 和图 5-57 所示。

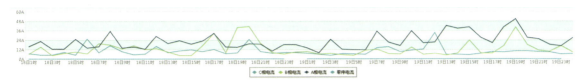

图 5-56　图更换总表后电流曲线情况

图 5-57　更换总表后台区线损合格情况

针对台区突发负线损情况，首先可以对台区档案因数、数据统计因数、计量因数及技术因数逐步排查，结合"一台区一指标"计算及用电采集系统开展数据对比分析，对数据异常因子进行原因查找及定位，最后再结合现场进行实地查看和处理。充分利用现有各类系统数据资源，可以快速定位异常原因，提升异常分析效率。同时也要及时对相应异常因数进行归类。同时也要加强台区计量装置日常运维监控，做到早日发现问题早日处理，减少电量损失。

**案例 13：表计时钟超差**

台区名称：10 kV 高坪 3 村 5 社

基本情况：该台区属城镇台区，低压用户 47 户。2018 年 8 月 ~2019 年 6 月线损率出现高、负损波动，如图 5-58 所示。

图 5-58　该台区 2018 年 8 月 ~2019 年 6 月月线损完成情况

初步核查：通过同期线损系统"台区用户明细"发现，该台区下有部分用户本期电量为 0，除了"中国移动通信"用户未使用，其他表计都已经启用。再经用采系统查询，用户均能采集成功，用户地址均正确。通过系统前后电量对比，考核表及 TA 均未发现异常，由此初步推断为表计时钟问题。该台区 2019 年 5 月日线损完成情况如图 5-59 所示。

图 5-59　该台区 2019 年 5 月日线损完成情况

**异常分析**：导出用采系统该台区下用户信息，到现场进行比对，发现系统与现场台户关系无误。其中【计量点编号：000\*\*\*75787；户号：088\*\*\*8898，户名"杨\*敏"】的表计显示 ERR-04，且时钟不对应。现场显示该用户正常用电，平均每天用电量约 10 kWh，电能表正常运行，但系统中电量一直为 0。4 月 12 日，电量却达到 980.8 kWh，导致台区负损（用户表底情况见图 5-60）。经查用采系统，发现 4 月 12 日前每日采集电能表止度均为 7198.6500 kWh，4 月 12 日当天采集系统电能表止度为 8179.37 kWh，日电量为 980.8 kWh，台区供出电量为：140 kWh。5 月 6 日更换该用户表计。

**治理成效**：更换时钟超差的用户表计后，台区线损率已恢复到 5.5% 左右，治理合格，线损率情况如图 5-61 所示。

| | 分量类型 | 用户名称 | 用户编码 | 电表地址 | 电表资产号 | 电量(千瓦时) | 起表码 | 止表码 | 写入 |
|---|---|---|---|---|---|---|---|---|---|
| 35 | 居民用户 | 赵\*林 | 4309013456 | 000002819757 | 5130001000000 | 2.6800 | 6291.79 | 6294.47 | 2019-04- |
| 36 | 居民用户 | 周\*琼 | 5511051132 | 000011458727 | 5130001000000 | 2.9300 | 1599.96 | 1602.89 | 2019-04- |
| 37 | 居民用户 | 杨\*春 | 5511051129 | 000011469720 | 5130001000000 | 2.9900 | 2765.21 | 2768.20 | 2019-04- |
| 38 | 居民用户 | 张\*青 | 4309022801 | 000002833420 | 5130001000000 | 23.3800 | 21175.57 | 21198.95 | 2019-04- |
| 39 | 居民用户 | 四川省\*\*食品 | 5511051103 | 000011908604 | 5130001000000 | 29.9899 | 16803.93 | 16833.92 | 2019-04- |
| 40 | 居民用户 | 冯\* | 4309013451 | 000002827546 | 5130001000000 | 3.3400 | 7546.30 | 7549.64 | 2019-04- |
| 41 | 居民用户 | 张\*君 | 4309013454 | 000002870580 | 5130001000000 | 3.4300 | 7997.54 | 8000.97 | 2019-04- |
| 42 | 居民用户 | 张\*阳 | 4309013461 | 000002838048 | 5130001000000 | 3.6500 | 7446.40 | 7450.05 | 2019-04- |
| 43 | 居民用户 | 李\* | 4309013432 | 000002833457 | 5130001000000 | 3.7800 | 5417.46 | 5421.24 | 2019-04- |
| 44 | 居民用户 | 梁\*权 | 4309013448 | 000002824261 | 5130001000000 | 4.2600 | 6242.67 | 6246.93 | 2019-04- |
| 45 | 居民用户 | 何\*林 | 4309013458 | 000002834757 | 5130001000000 | 4.2900 | 8395.23 | 8399.52 | 2019-04- |
| 46 | 居民用户 | 李　才 | 4309015588 | 000002820133 | 5130001000000 | 6.5900 | 22431.42 | 22438.01 | 2019-04- |
| 47 | 居民用户 | 杨\*敏 | 0880218898 | 000026356392 | 5130001000000 | 980.7200 | 7198.65 | 8179.37 | 2019-04- |

10KV高坪3村5社（公变）详细信息
开始日期：2019-04-12　结束日期：2019-04-12　查询
日损耗　供入电量明细　供出电量明细　日抄表成功率　营销档案核对
显示从1到47，总47条。每页显示：200

图 5-60　区用户 2019 年 4 月 7~12 日表底采集情况（一）

| | 电表资产号 | 抄表日期 | 终端抄表时间 | 采集入库时间 | 正向有功 | | | | |
|---|---|---|---|---|---|---|---|---|---|
| | | | | | 总 | 尖 | 峰 | 平 | 谷 | 总 |
| 18 | 513000100000263563924 | 2019-04-27 | 2019-04-28 00:07:00 | 2019-04-28 01:32:31 | 8239.9800 | 0.0000 | 4493.4500 | 2655.7199 | 1090.8000 |
| 19 | 513000100000263563924 | 2019-04-26 | 2019-04-27 00:07:00 | 2019-04-27 02:57:38 | 8239.9800 | 0.0000 | 4493.4500 | 2655.7199 | 1090.8000 |
| 20 | 513000100000263563924 | 2019-04-25 | 2019-04-26 00:07:00 | 2019-04-26 02:25:36 | 8239.9800 | 0.0000 | 4493.4500 | 2655.7199 | 1090.8000 |
| 21 | 513000100000263563924 | 2019-04-24 | 2019-04-25 00:08:00 | 2019-04-25 02:43:52 | 8239.9800 | 0.0000 | 4493.4500 | 2655.7199 | 1090.8000 |
| 22 | 513000100000263563924 | 2019-04-23 | 2019-04-24 00:07:00 | 2019-04-24 02:54:32 | 8239.9800 | 0.0000 | 4493.4500 | 2655.7199 | 1090.8000 |
| 23 | 513000100000263563924 | 2019-04-22 | 2019-04-23 00:07:00 | 2019-04-23 02:37:11 | 8239.9800 | 0.0000 | 4493.4500 | 2655.7199 | 1090.8000 |
| 24 | 513000100000263563924 | 2019-04-21 | 2019-04-22 00:07:00 | 2019-04-22 02:30:06 | 8239.9800 | 0.0000 | 4493.4500 | 2655.7199 | 1090.8000 |
| 25 | 513000100000263563924 | 2019-04-20 | 2019-04-21 00:07:00 | 2019-04-21 02:52:37 | 8239.9800 | 0.0000 | 4493.4500 | 2655.7199 | 1090.8000 |
| 26 | 513000100000263563924 | 2019-04-19 | 2019-04-20 00:07:00 | 2019-04-20 02:59:36 | 8239.9800 | 0.0000 | 4493.4500 | 2655.7199 | 1090.8000 |
| 27 | 513000100000263563924 | 2019-04-18 | 2019-04-19 00:08:00 | 2019-04-19 02:44:56 | 8226.4800 | 0.0000 | 4487.0100 | 2651.4800 | 1087.9800 |
| 28 | 513000100000263563924 | 2019-04-17 | 2019-04-18 00:07:00 | 2019-04-18 01:51:01 | 8218.9700 | 0.0000 | 4483.9399 | 2649.0000 | 1086.0300 |
| 29 | 513000100000263563924 | 2019-04-16 | 2019-04-17 00:07:00 | 2019-04-17 01:30:51 | 8210.2000 | 0.0000 | 4481.6300 | 2645.1200 | 1083.4400 |
| 30 | 513000100000263563924 | 2019-04-15 | 2019-04-16 00:07:00 | 2019-04-16 02:37:26 | 8194.0900 | 0.0000 | 4467.3500 | 2645.1200 | 1081.6099 |
| 31 | 513000100000263563924 | 2019-04-14 | 2019-04-15 00:07:00 | 2019-04-15 02:19:31 | 8194.0900 | 0.0000 | 4467.3500 | 2645.1200 | 1081.6099 |
| 32 | 513000100000263563924 | 2019-04-13 | 2019-04-14 00:07:00 | 2019-04-14 02:53:15 | 8186.7400 | 0.0000 | 4464.9100 | 2642.8800 | 1078.9500 |
| 33 | 513000100000263563924 | 2019-04-12 | 2019-04-13 00:08:00 | 2019-04-13 02:46:22 | 8179.3700 | 0.0000 | 4462.2200 | 2640.8800 | 1076.2600 |
| 34 | 513000100000263563924 | 2019-04-11 | 2019-04-12 00:04:00 | 2019-04-12 02:31:07 | 7198.6500 | 0.0000 | 3483.2700 | 2640.1100 | 1075.2600 |
| 35 | 513000100000263563924 | 2019-04-10 | 2019-04-11 00:09:00 | 2019-04-11 02:23:14 | 7198.6500 | 0.0000 | 3483.2700 | 2640.1100 | 1075.2600 |
| 36 | 513000100000263563924 | 2019-04-09 | 2019-04-10 00:09:00 | 2019-04-10 02:48:15 | 7198.6500 | 0.0000 | 3483.2700 | 2640.1100 | 1075.2600 |
| 37 | 513000100000263563924 | 2019-04-08 | 2019-04-09 00:09:00 | 2019-04-09 02:47:47 | 7198.6500 | 0.0000 | 3483.2700 | 2640.1100 | 1075.2600 |
| 38 | 513000100000263563924 | 2019-04-07 | 2019-04-08 00:09:00 | 2019-04-08 02:39:44 | 7198.6500 | 0.0000 | 3483.2700 | 2640.1100 | 1075.2600 |
| 39 | 513000100000263563924 | 2019-04-06 | 2019-04-07 00:09:00 | 2019-04-07 02:59:50 | 7198.6500 | 0.0000 | 3483.2700 | 2640.1100 | 1075.2600 |
| 40 | | | | | | | | | |

图 5-60　区用户 2019 年 4 月 7~12 日表底采集情况（二）

图 5-61　区 2019 年 5 月 2~20 日线损完成情况

**案例 14：台区总表计量异常**

**台区名称：** 电网 _ 日兴供电所旱田村 D

**基本情况：** 该台区属于 10 kV 日来线，低压用户 78 户，其中，一直未用电用户 11 户。台区日常供电量为 110~165 kWh。2020 年 10 月 26 日至 11 月 20 日，台区线损率在 5.77%~12.95% 之间波动，线损率异常，如图 5-62 所示。

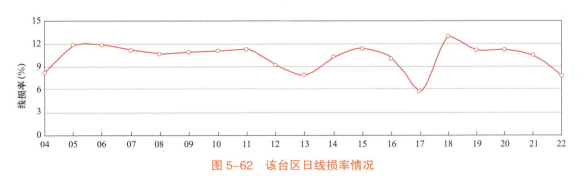

图 5-62　该台区日线损率情况

**初步分析：**旱田村 D 台区在 2018 年农网改造以来，线损率一直在合理区间。2020 年 10 月 26 日起，线损率出现异常。10 月 26 日至 11 月 21 日台区线损率在 5.77%~12.95% 之间。据现有低压供电线路、客户用电分布、日用电量情况分析，线损率在 4%~6% 较为合理。现场核对后，确认总表接线、集中器无异常、变比与各系统一致、二次接线正确，无功功率在合理范围。结合配电变压器工作接地点无漏电等情况看来，初步怀疑线损率异常原因为变户关系错误、客户窃电等。

**异常分析：**2020 年 11 月 12~13 日，现场核查窃电行为，线损率在 7.92%~9.13% 间，未发现可疑用户。台区日线损率情况如图 5-63 所示。

图 5-63　台区日线损率情况（2020 年 11 月 12~13 日）

2020 年 11 月 16~21 日，多次对 78 户客户突查，仍未发现任何问题，但线损率仍位于 10.26%~12.95% 之间。再次检查用采系统数据并进行分析后，发现电流、电压冻结异常，怀疑表计异常。用采系统表计情况如图 5-64 所示。

图 5-64　该台区考核计量点电压、电流情况（一）

图 5-64　该台区考核计量点电压、电流情况（二）

**异常治理：** 现场核对后发现表计电压电流正常。但将表计串接到另一只表计进行比对，发现原计量表计失准。现场表计情况如图 5-65 所示。

图 5-65　更换台区总表

**治理成效：** 结合系统数据分析，2020 年 11 月 21 日，更换旱田村 D 变压器总表，线损率恢复正常，如图 5-66 所示。

图 5-66　该台区治理后线损率情况（12 月）

**案例15：用户表计异常**

**台区名称：** 电网 _ 日兴供电所水磨村 E

**基本情况：** 该台区属 10 kV 日街线，低压用户 50 户。1 月 19~23 日，台区线损率在 8.22%~9.19% 之间，如图 5-67 所示。

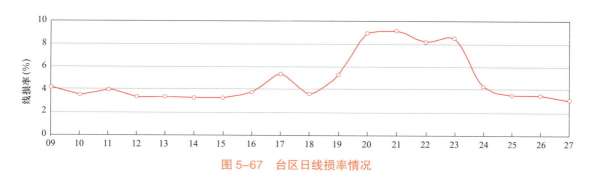

图 5-67　台区日线损率情况

**初步分析：** 2020 年 12 月 28 日至 2021 年 1 月 15 日台区线损在 2.94%~4.27% 之间。据现有低压供电线路、客户用电分布、日用电量情况分析，线损率在 3%~5% 较为合理。现场核对后，确认总表接线、集中器、互感器无异常，变比与各系统一致，且二次接线正确，无功功率在合理范围。2021 年 1 月 19~23 日，现场检查未发现窃电行为。

**异常分析：** 1 月 20~23 日，再次对 50 户客户突查，未发现任何窃电情况。但线损率仍处于 8.22%~9.19% 之间。再次对每户表计进行核查后，初步怀疑表计异常。

**现场排查：** 现场检查表计后，发现户号为 790***982 客户表计时而黑屏、时而 A 相无电压，计量表计失准（见图 5-68）。

图 5-68　户号 790***982 客户表计时而黑屏、时而 A 相无电压

**治理成效：** 结合系统数据分析，1 月 24 日，更换水磨村 E 用户 790***982 客户表计，线损率恢复至 3.08%~4.25% 之间（见图 5-69）。

图 5-69　该台区治理后线损率情况

## 案例 16：表计损坏

**台区名称：** 电网 _10 kV 东梅线双桥 2 号

**基本情况：** 该台区属农村台区，容量 100 kVA，低压用户 134 户，台区自 2020 年 12 月 14 日后线损率一直呈高损，如图 5-70 所示。

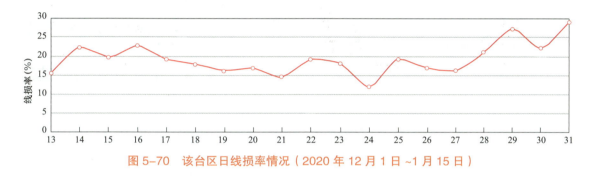

图 5-70　该台区日线损率情况（2020 年 12 月 1 日~1 月 15 日）

**初步分析：** 查询用采系统，发现考核表计三相电压、三相电流均无异常。现场计量互感器倍率与 SG186 系统、用采系统档案一致。核查台区户表关系、户表接线均未发现明显异常。但台区线损率仍较高，怀疑存在户表异常的情况。

通过对台区所有户表 L 相（相线）电流和 N 相（中性线）电流进行穿透对比，发现存在部分表计 L 相和 N 相电流差值过大，如图 5-71 所示。

图 5-71　穿透台区副表异常数据

**异常分析**：L相（相线）电流和N相（中性线）电流在单表计接线正常使用时应相差不大。通过穿透数据发现存在户表L相和N相电流成倍数差异，怀疑现场计量装置存在问题。

**现场排查**：结合系统数据分析，在现场对台区下该副表计量装置接线、外观、进出线电流进行检查。发现户表接线正确，外观正常，但在使用钳形电流表测量L相电流时发现与电能表显示不一致，电能表L相电流比钳形电流表小数十倍，存在少计量现象。怀疑表计损坏，如图5-72所示。

图 5-72　现场相线电流测量情况及表计拆封检查

**治理成效**：更换台区下计量异常用户表计后，台区线损明显下降，台区日供损耗由52 kWh下降到8 kWh，线损率降低至6%左右，如图5-73所示。

图 5-73　台区治理后线损率情况

## 二、异常类型：计量设备异常

### 案例17：互感器故障

**台区名称**：电网_10 kV 双镇线双凤医院台区

**基本情况**：该台区属农村台区，容量400 kVA，低压用户496户。2019年4月以前台区线损相对稳定，4月台区线损率出现负损。该台区4月日线损率情况如图5-74所示。

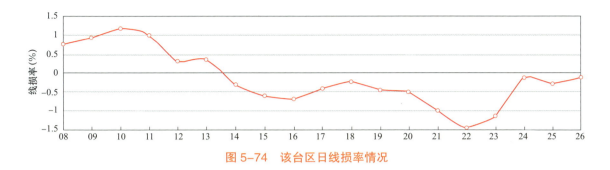

图 5-74  该台区日线损率情况

初步分析：对该台区用户进行线上数据筛查，对比历史数据后，排除变户关系错误的问题，初步怀疑台区总表计量有误。

异常分析：查询台区考核计量表计二次电压、电流负荷数据。台区考核计量表计二次电压不正常，三相电压值在 4 月 14 日 22 点后出现电压时有时无的情况，二次三相电流也存在时有时无的情况。通过系统负荷曲线数据判断台区考核表计量有误造成台区负线损。考核计量点电压、电流情况如图 5-75 所示。

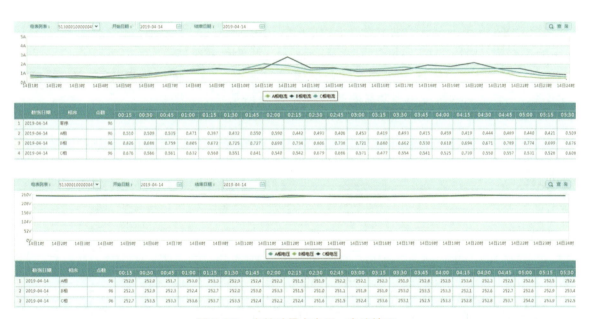

图 5-75  考核计量点电压、电流情况

结合系统数据，在现场对台区考核计量装置接线进行检查。发现台区互感器接线正确，计量回路接线无误。校验表计计量无误，用钳形表测量互感器计算一次和二次电流存在误差，确定为互感器故障，导致台区负损。

治理成效：更换该台区进行互感器后，5 月 9 日台区线损率恢复到 4.64%。该台区治理后线损率情况如图 5-76 所示。

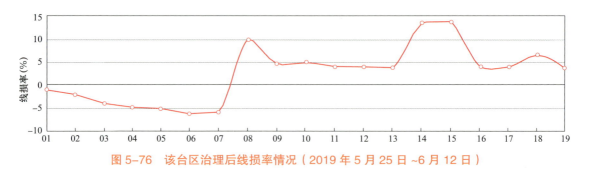

图 5-76  该台区治理后线损率情况（2019 年 5 月 25 日 ~6 月 12 日）

# 第四节　窃电因素

用户窃电会导致台区线损率升高。随着用采系统、同期线损系统的深入应用，台区线损管理实现日监控。对用户违规用电的监控更加高效、科学，用户窃电情况逐步减少。应结合线损率变化和用户用电情况开展用户违规用电检查，降低台区线损率。

**异常类型**：用户窃电

**案例 18**：在供电企业的供电设施上擅自接线用电

**台区名称**：电网 _10 kV 龙金线龙蟠任家坝村 1 号台区变压器

**基本情况**：该台区属农村台区，台区运行容量 50 kVA，低压用户数 97 户。台区自 2020 年 11 月 16 日线损率出现明显波动，如图 5-77 所示。

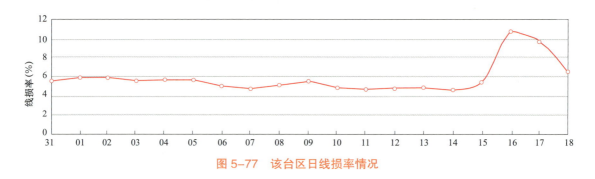

图 5-77  该台区日线损率情况

**初步分析**：开展变户关系现场核查，确认考核关口计量互感器倍率与 SG186 系统、用采系统一致。

**异常分析**：查询台区连续多日的用电量情况，该台区日售电量较为平稳、变化幅度较小。供电量变化幅度较大，供电量变化期间线损率也同比出现大幅波动。初步判断台区下有负荷未经过表计用电。

**异常治理**：12 月 7 日，在进行线损分析时，发现该台区线损率波动异常，随即安排进行现场检查，发现用户"任 * 勇"，因修建鱼塘需要，在 11 月 21 日，从邻近的低压电杆直接接线至搅拌站用于水泥砂浆制作，引起该台区线损波动。现场窃电接线情况如图 5-78 所示。

图 5-78 现场窃电接线情况

**治理成效：** 12 月 7 日，对该用户搭接电线进行拆除，并根据其设备使用情况，追补电量 144 kWh，追缴电费 75.23 元，追缴违约电费 225.69 元。经过治理，该台区线损率无异常波动，线损率恢复至 6% 左右。该台区治理后线损率情况如图 5-79 所示。

图 5-79 该台区治理后线损率情况

**案例 19：在供电企业的供电设施上擅自接线用电**

**台区名称：** 电网 _10 kV 朱茶二线塘殿堰小区 1 号台区

**基本情况：** 该台区为城市台区，属还房小区，低压用户数 537 户。台区自 2019 年 11 月 16 日线损率出现明显波动，如图 5-80 所示。

**初步分析：** 开展现场核查，确认变户关系、考核计量互感器倍率等档案参数均与 SG186 系统、用采系统一致。

**异常分析：** 通过查询台区连续多日的用电量情况，发现该台区日售电量较为平稳、变化幅度较小。异常期间，线损率变化和供电量变化较一致。初步判定为台区下有负荷未经过表计用电。

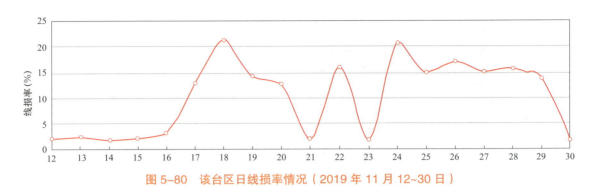

图 5-80 该台区日线损率情况（2019 年 11 月 12~30 日）

**异常治理：** 11 月 30 日，发现该台区线损率波动异常，随即进行现场检查，发现用户 "四川 ** 有限公司" 在塘殿堰小区承接管道施工业务，施工周期 2 周左右。在施工过程中，未经过供电公司允许，擅自在供电公司配电箱表前接线用电开展桩基开挖工作，即对该用户窃电行为进行现场制止。现场窃电接线及处理情况如图 5-81 所示。

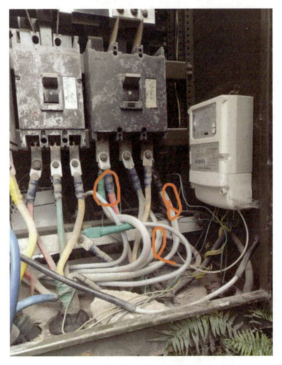

图 5-81 现场窃电接线情况

**治理成效：** 由于该用户无户号，且临时用电已经接近尾声。经过协商，12 月 9 日，该用户办理新用户档案，并按要求缴纳窃电处罚。用户缴纳追补电费及违约使用电费 10376 元。经过治理，该台区线损率恢复至 2% 左右，如图 5-82 所示。

图 5-82　该台区治理后线损率情况

**案例 20：绕越计量装置窃电**

**台区名称：** 电网 _ 望垭口村 C 变压器

**基本情况：** 该台区属农村一期网改台区，容量 50 kVA，低压用电户数 98 户。在 2021 年 1~2 月台区线损率在 2%~7% 之间，3 月 2 日线损率陡增至 9.64%，线损率异常，如图 5-83 所示。

图 5-83　该台区日线损率情况

**初步分析：** 在用采系统台区监控模块中导出 22 户零电量用户明细，并对止度较大用户用电情况进行逐一排查，发现居民用户涂 * 国（电能表止度 2621.78 kWh）、袁 * 怀（电能表止度 1881.95 kWh）、涂 *（电能表止度 5199.35 kWh）止度较大，如图 5-84 所示。

在 SG186 系统对 3 个零电量低压居民用户 2020 年 12 月至 2021 年 2 月月度用电量进行分析，发现用户涂 * 国月度用户电量异常，2020 年 12 月月度电量仅为 41 kWh，且 2021 年 1~2 月月度用电量均为零，有窃电嫌疑。零电量用户月度用电情况如图 5-85 所示。

**异常分析：** 依据异常零电量用户涂 * 国的用电情况，立即通过采集系统适时提取该用户相线、中性线电流值，发现该用户在用电高峰期 18 时 55 分 51 秒采集相线电流为零，中性线电流却高达 5.4380 A，从用电采集系统核查用户电能表当前电流值，证明该用户一直在用电，且电能表未计量。用采系统核查用户 3 月 3 日用电高峰期相线、中性线电流值如图 5-86 所示。

| NO. | 分量类型 | 用户名称 | 用户编码 | 电表地址 | 电量(kWh) | 起表码 | 止表码 | TA | TV | 方向 |
|---|---|---|---|---|---|---|---|---|---|---|
| 1 | 居民用户 | 周* | 79***08100 | 0000***45362 | 0.0000 | 599.12 | 599.12 | 1 | 1 | 正向 |
| 2 | 居民用户 | 何* | 79***82700 | 0000***60287 | 0.0000 | 0.58 | 0.58 | 1 | 1 | 正向 |
| 3 | 居民用户 | 周*安 | 79***08099 | 0000***44176 | 0.0000 | 51.04 | 51.04 | 1 | 1 | 正向 |
| 4 | 居民用户 | 宋*奖 | 79***08106 | 0000***45365 | 0.0000 | 0.00 | 0.00 | 1 | 1 | 正向 |
| 5 | 居民用户 | 赵* | 79***82659 | 0000***39069 | 0.0000 | 0.00 | 0.00 | 1 | 1 | 正向 |
| 6 | 居民用户 | 涂*全 | 79***82661 | 0000***62794 | 0.0000 | 228.31 | 228.31 | 1 | 1 | 正向 |
| 7 | 居民用户 | 涂*国 | 79***82665 | 0000***68259 | 0.0000 | 2621.78 | 2621.78 | 1 | 1 | 正向 |
| 8 | 居民用户 | 涂*勇 | 79***82668 | 0000***58183 | 0.0000 | 289.24 | 289.24 | 1 | 1 | 正向 |
| 9 | 居民用户 | 涂*冉 | 79***82677 | 0000***32833 | 0.0000 | 0.00 | 0.00 | 1 | 1 | 正向 |
| 10 | 居民用户 | 涂*凡 | 79***82678 | 0000***61412 | 0.0000 | 472.33 | 472.33 | 1 | 1 | 正向 |
| 11 | 居民用户 | 徐*华 | 79***82690 | 0000***56092 | 0.0000 | 19.22 | 19.22 | 1 | 1 | 正向 |
| 12 | 居民用户 | 袁*怀 | 79***82691 | 0000***74656 | 0.0000 | 1881.95 | 1881.95 | 1 | 1 | 正向 |
| 13 | 居民用户 | 候*雄 | 79***82692 | 0000***59926 | 0.0000 | 284.02 | 284.02 | 1 | 1 | 正向 |
| 14 | 居民用户 | 袁*志 | 79***82696 | 0000***58474 | 0.0000 | 5.95 | 5.95 | 1 | 1 | 正向 |
| 15 | 居民用户 | 宋*雄 | 79***82703 | 0000***73115 | 0.0000 | 16.65 | 16.65 | 1 | 1 | 正向 |
| 16 | 居民用户 | 何*训 | 79***82708 | 0000***32986 | 0.0000 | 209.15 | 209.15 | 1 | 1 | 正向 |
| 17 | 居民用户 | 何*国 | 79***82709 | 0000***31689 | 0.0000 | 42.65 | 42.65 | 1 | 1 | 正向 |
| 18 | 居民用户 | 王* | 79***82713 | 0000***32713 | 0.0000 | 11.56 | 11.56 | 1 | 1 | 正向 |
| 19 | 居民用户 | 周*银 | 79***82735 | 0000***71648 | 0.0000 | 6.46 | 6.46 | 1 | 1 | 正向 |
| 20 | 居民用户 | 涂* | 55***74476 | 0000***63863 | 0.0000 | 5199.35 | 5199.35 | 1 | 1 | 正向 |
| 21 | 居民用户 | 宋* | 12***98175 | 0000***75694 | 0.0000 | 10.15 | 10.15 | 1 | 1 | 正向 |
| 22 | 居民用户 | 黄* | 12***46990 | 0000***75849 | 0.0000 | 21.03 | 21.03 | 1 | 1 | 正向 |

**图 5-84　零电量用户明细情况（3 月 2 日）**

**图 5-85　零电量用户月度用电情况**

| 2021-03-03 18:55:02 | 当前电流 | | 0.3360 |
| 2021-03-03 18:55:02 | 当前零序电流 | 0.3310 | |
| 2021-03-03 18:55:18 | 当前电流 | | 0.1000 |
| 2021-03-03 18:55:18 | 当前零序电流 | 0.1010 | |
| 2021-03-03 18:55:34 | 当前电流 | | 2.2100 |
| 2021-03-03 18:55:34 | 当前零序电流 | 2.2280 | 3月3日用电高峰时段火线电流 |
| 2021-03-03 18:55:51 | 当前电流 | | 0.0000 |
| 2021-03-03 18:55:51 | 当前零序电流 | 5.4380 | |

**图 5-86　用采系统核查用户 3 月 3 日用电高峰期火、中性线电流值**

**异常治理：** 结合系统数据分析，对该用户计量装置进行检查。发现该用户未经过供电部门同意，擅自打开表箱，直接将表箱内下户线进线开关上端相线处，用导线直接"T"接到电能表出线开关相线处，属绕越计量装置窃电，如图 5-87 所示。

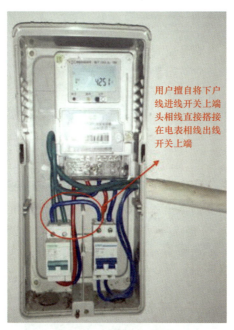

用户擅自将下户线进线开关上端头相线直接搭接在电表相线出线开关上端

图 5-87 窃电现场情况

**治理成效：** 针对已治理合格的台区，因用户窃电造成波动不合格，依据系统及时核查零电量用户历史用电数据，并依据用电信息采集系统用户电流数据适时查询功能，准确判定异常电量用户适时用电负荷，精准锁定窃电用户，减少现场排查时间，达到波动不合格台区高效治理。治理后，台区线损率恢复到合格水平。

**案例 21：绕越计量装置窃电**

**台区名称：** 电网 _10 kV 孙海Ⅱ线大堰村 8 社公用变压器

**基本情况：** 该台区容量 50 kVA，低压用电户数 64 户，在 2020 年 10 月 15 日台区线损率突然增高，日损耗电量达到 44 kWh，线损率 21%，属高损台区，如图 5-88 所示。

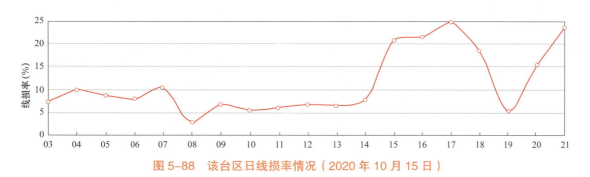

图 5-88 该台区日线损率情况（2020 年 10 月 15 日）

**初步分析：** 通过用电采集系统中台区线损合格时间段与不合格时间段三相电流值比对，发现 15 日 BC 相电流值在夜间较 14 日电流值明显增高，其中 C 相最高电流值达到 0.947 A，初步判断为挂钩窃电。该台区 C 相电流情况如图 5-89 所示。

图 5-89　台区 C 相电流情况（2020 年 10 月 14~15 日）

　　2020 年 10 月 16~27 日多次到现场进行排查，均未发现窃电情况，检查低压用户表箱铅封完好，无破损拉裂的痕迹。10 月 27 日夜查，也未发现窃电迹象，但线损率突然降至 7.62%。28 日该台区线损率又突增至 23.77%。该台区 2020 年 25~28 日线损率情况如图 5-90 所示。怀疑该台区窃电用户手段较为隐蔽。因前期对高损台区低压负荷分析时已锁定了 C 相电流曲线异常，决定应用宽带载波模块分相计算线损功能再次进一步判定，同时，对该台区低压户表实施 HPLC 宽带载波模块的换装，通过系统开展分相计算线损分析。

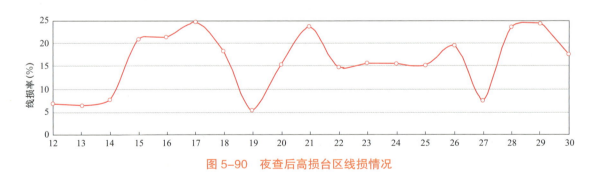

图 5-90　夜查后高损台区线损情况

**异常分析：** 通过采集系统 HPLC 宽带模块巡测相位后，发现了长期高损台区的 C 相线损率高达 47.94%。该台区 C 相线损率如图 5-91 所示。因该台区是科大智能集中器，该类型集中器有时计算相位数据有误差，导致 A 相呈负损。但通过多日核查 C 相电流值和分相计算 C 相线损数据，最终锁定窃电用户就是 C 相用电户造成台区高损。

| | 台区名称 | 台区编号 | 相位 | 供电量(kWh) | 用电量(kWh) | 发电量(kWh) | 办公用电(kWh) | 自用电(kWh) | 线损率(%) |
|---|---|---|---|---|---|---|---|---|---|
| 1 | 电网_10kV孙海II线大堰村8社公变 | 950***0442 | A相 | 37.4 | 49.96 | | 0 | 0 | -33.58 |
| 2 | 电网_10kV孙海II线大堰村8社公变 | 950***0442 | B相 | 51.8 | 40.18 | | 0 | 0 | |
| 3 | 电网_10kV孙海II线大堰村8社公变 | 950***0442 | C相 | 93.6 | 47.94 | | 0 | 0 | 48.78 |

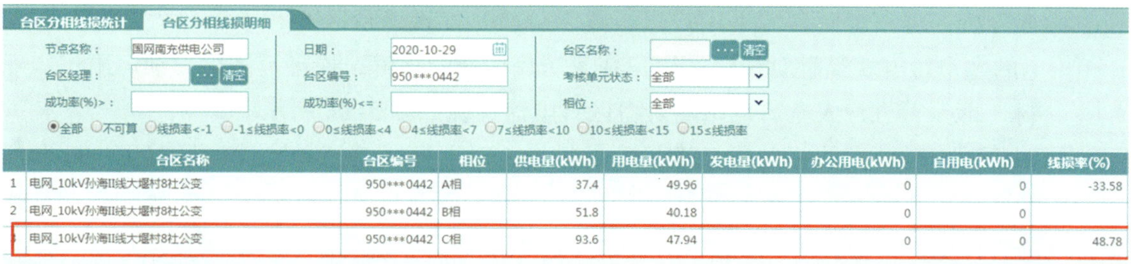

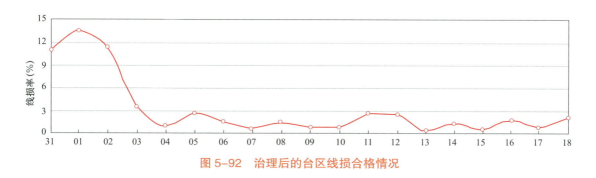

图 5-91　采集系统分相计算 C 相线损率

**异常治理：**结合系统数据分析结果，在 11 月 2 日开展 C 相低压用户下户线进出线检查，最终发现用户“陈＊全”私自在下户线 PVC 管弯头处，故意破坏下户线绝缘层，直接“T”接导线供自己生活用电，属绕越计量装置窃电。

**治理成效：**治理后，该台区线损率在 11 月 3 日降至 3.54%，日损耗电量较高损时段环比减少 18.26 kWh，台区线损治理合格。治理后线损率情况如图 5-92 所示。

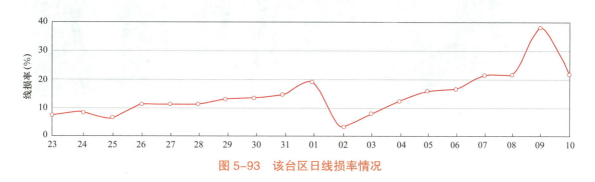

图 5-92　治理后的台区线损合格情况

### 案例 22：绕越计量装置窃电

**台区名称：**电网 _10 kV 岭鸣线清斋宫 2 号台区变压器

**基本情况：**该台区属农村台区，投运时间较长，容量 50 kVA，低压用电户数 109 户，该台区长期线损波动较大，2020 年 12 月 ~2021 年 1 月线损率如图 5-93 所示。

图 5-93　该台区日线损率情况

**初步分析：**对该台区用户进行线数据上筛查，对比历史数据，排除了变户关系错误的问题，关口计量装置确认无误。

**异常分析**：进一步对台区下用户进行逐一分析，发现该台区 B 相电流较大，怀疑有在 B 相用电的客户窃电。经过对该台区用户在家居住情况的了解，梳理范围后，锁定用户"雍＊林""陈＊能"等五户人有窃电嫌疑。台区日电流情况如图 5-94 所示。

**异常治理**：对锁定的相关用户进行现场排查，对下杆线电流和表计信息对比，排查到用户"雍＊林"处前下杆线电流明显大于表计显示当前电流值，有重大窃电嫌疑。再对其下杆线路进行逐一检查，最终发现该用户在下杆线 PV 管中直接分了一组线直接到家中，从表面难以看出问题。现场测试电流情况、窃电情况如图 5-95 和图 5-96 所示。

图 5-94　该台区日电流情况

图 5-95　现场测试电流情况

图 5-96　现场窃电图片

**治理成效**：依据相关规定对窃电客户做出追补电量 1896 kWh 的处罚，追补和违约使用电费合计 3961.88 元。治理后线损率恢复政策，如图 5-97 所示。

图 5-97　该台区治理后线损率情况（2021 年 1 月 14 日 ~2 月 1 日）

**案例 23：损坏供电企业装置窃电**

台区名称：电网 _ 中航城国际社区 7 号变

基本情况：该台区属城市台区。台区容量 800 kVA，低压用电户数 236 户，台区自 2020 年 11 月 1 日起线损率一直偏高。11 月台区日线损情况如图 5-98 所示，台区考核表电压电流如图 5-99 所示。

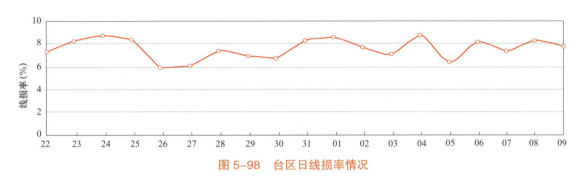

图 5-98　台区日线损率情况

| 中航城国际社区7号变压器（公用变压器） | 000021480782 | 2020-11-08 00:00 | 时段冻结电压 | 238.3000 | 238.2000 | 238.8000 |
| 中航城国际社区7号变压器（公用变压器） | 000021480782 | 2020-11-08 00:00 | 时段冻结电流 | 0.1870 | 0.1920 | 0.1540 |

图 5-99　台区考核表电压电流（2020 年 11 月 8 日冻结数据）

初步分析：根据用采系统的损耗数据分析，损耗电量不大，日损耗电量在 40~50 kWh 之间，但是损耗率偏高。同时，台区总表电压电流正常，电压维持在 238 V 左右，电流 0.15~0.19 A，且三相电流相对平衡，排除台区总表异常因素。该台区无互感器，排除电流互感器计量误差以及档案变比错误的影响。开展变户关系现场核查后，确认 SG186 系统、用采系统户表档案与现场一致。考虑到此台区居民用户偏多，用电量都不大，初步怀疑有偷窃电情况。

异常分析：经过对该台区用户逐户进行检查，发现某单元楼一用户电能表进出线电流差距较大，但是却未发现电能表异常。经仔细对电能表细节进行检查，翻转电能表撕下电价标签后，发现用户竟以电价标签作为掩饰，在内部将电能表进行短接偷电。窃电电能表如图 5-100 和图 5-101 所示。

图 5-100　撕标签的窃电电能表

图 5-101　撕下标签的窃电电能表

**治理成效：**将用户短接线拆除后，次日台区线损恢复正常，台区日损耗电量由 429 kWh 降低到 57 kWh，线损率 3.9%，治理合格。治理前后线损率情况如图 5-102 所示。

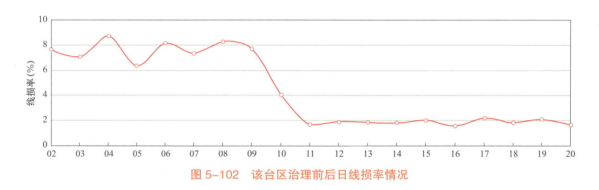

图 5-102　该台区治理前后日线损率情况

## 第五节　换表因素

表计更换是日常工作业务。由于表计总量较多，几乎每日都会有表计进行更换工作。表计更换后档案中的表底录入错误、换表时间错误会导致电量计算的异常。该因素属于管理因素，规范换表流程的执行、档案参数的录入是避免换表因素造成台区线损率异常的重要手段，也是营销工作的基本要求。本节以换表日期录入错误为例进行说明。

**异常类型：**换表日期录入错误

**案例 24：换表日期录入错误**

**台区名称：**10 kV 里江线爱都城市领地 9 号公用变压器

**基本情况：**该台区属城区集中小区公用变压器，台区容量 800 kVA，低压用电户数 200 户，该台区在 2021 年 10 月 28 日台区无供电量，造成台区线损率为 –100%，如图 5-103 所示。

图 5-103　同期、采集系统台区日线损率情况（2021 年 10 月 28 日）

**初步分析：** 在用采系统台区监控模块供入电量明细中核查不合格时间段供入电量及表码数据，发现该台区 10 月 28 日出现两条考核表计信息，其中一条无表码止度，另外一条是新更换表计止度 0.82 kWh，且表码止度写入时间为 10 月 29 日 11 时 18 分 42 秒，属换表后补录新表止度数据，如图 5-104 所示。

图 5-104　台区考核表供入表码数据及电量（2021 年 10 月 28 日）

在 SG186 系统核查该台区考核换表日期为 2021 年 10 月 28 日，换表录入系统止度为 3215.74 kWh，如图 5-105 所示。通过人工计算台区实际供电量：10 月 27 日旧表起度（3214.76 kWh）- 旧表更换录入 SG186 系统止度（3215.74 kWh）+ 新表止度（0.82 kWh），再乘以考核计量倍率 240，计算供入电量为 432 kWh，日损耗率为 3.6 kWh，线损率 0.83%。

图 5-105 SG186 系统考核表计换装时间及录入旧表止度

**异常分析：** 通过对 SG186 系统中计量资产管理–计量点工单查询界面，核查换表工作流程时间，发现该台区考核计量点流程结束时间为 2021 年 10 月 29 日 8 时 36 分 22 秒，因换表流程未在表计更换后的当天结束，造成采集系统考核表计在 10 月 28 日无法获取日冻结表码数据，10 月 29 日上午 8 时 SG186 系统换表流程完成归档后，重新对换装后的计量装置表码数据进行补召，引起采集系统台区监控模块中供入计量点同时出现两条考核表信息，造成台区无法正确计算电量。SG186 系统换表流程完成时间如图 5-106 所示。

| 操作 | 工作项名称 | 当前状态 | 创建时间 | 完成时间 | 处理人账号 | 处理部门 |
|---|---|---|---|---|---|---|
| 1 | 业务受理 | 已处理 | 2021-10-28 17:30:50 | 2021-10-28 17:34:53 | | 阆中供电服务二班 |
| 2 | 装换表_出库 | 完成态 | 2021-10-28 17:32:59 | 2021-10-28 17:39:26 | nclz_mas | 阆中供电服务二班 |
| 3 | 变更申请审批 | 完成态 | 2021-10-28 17:34:52 | 2021-10-28 17:35:55 | nclz_mas | 阆中供电服务二班 |
| 4 | 接收装拆任务 | 完成态 | 2021-10-28 17:36:12 | 2021-10-28 17:37:34 | Luoxj0250 | 阆中供电服务二班 |
| 5 | 装换表_派工 | 完成态 | 2021-10-28 17:36:34 | 2021-10-28 17:36:12 | nclz_mas | 阆中供电服务二班 |
| 6 | 装换表_现场处理 | 完成态 | 2021-10-28 17:39:26 | 2021-10-28 17:54:23 | Luoxj0250 | 阆中供电服务二班 |
| 7 | 装换表_审核 | 完成态 | 2021-10-28 17:54:23 | 2021-10-28 17:58:19 | Luoxj0250 | 阆中供电服务二班 |
| 8 | 拆回设备入库 | 完成态 | 2021-10-28 17:58:19 | 2021-10-28 17:59:14 | nclz_mas | 阆中供电服务二班 |
| 9 | 归档并清除方案 | 完成态 | 2021-10-28 17:59:14 | 2021-10-29 08:36:22 | Luoxj0250 | 阆中供电服务二班 |

图 5-106 SG186 系统换表流程完成时间

目前因基层班组对台区低压计量装置换表流程及换表时限相关要求重视度不够，造成人为因素换表不规范问题时有发生，引起台区线损波动。为规避此类问题发生，一是班组人员提高业务技能水平，严格按照现场实际换表日期，在系统内规范录入换表日期，并在当天结束换表流程；二是表计更换后需要用采系统 $T-1$ 表底数据完整，严禁对新表表码数据进行人工补召，防范覆盖旧表表码数据，造成系统电量计算错误。

## 第六节　其他因素

台区线损率受到多种其他因素的影响，如低压线路线径细、线路供电半径长、负载率低、接线错误等。针对不同的情况，需要对台区采取改造或者调整负荷以降低线损率等措施。本节中，选择接线错误、供电半径长、台区轻载的情况进行举例说明。

### 一、异常类型：三相不平衡

**案例 25：三相不平衡**

**台区名称：** 电网 _10 kV 垭郊线席家村 01 号公用变压器

**基本情况：** 该台区 1996 年投运，容量 160 kVA，台区内共有计量表计 257 只，智能电能表覆盖率 100%，采集成功率 100%，2021 年该台区线损率在 7.2%~10% 之间。2021 年 10 月线损率情况如图 5-107 所示。

图 5-107　该台区线损率情况

**初步分析：** 通过用采系统、同期线损系统等相关数据分析及现场查勘，发现该台区存在三相负荷不平衡情况和部分低压线路供电半径过长的问题。通过对台区各相负荷测算，该台区三相不平衡度最大时为 63.10%，如图 5-108 所示。台区三相负荷不平衡，一相负荷较轻，其他两相负荷较重情况下导致线损增加。

图 5-108　该台区三相电流情况

**异常治理：**通过分析，结合配电网规划设计技术导则提出了治理方案：一是新架设部分三相四线线路，二是将供电半径较远用户迁至邻近台区，三是重新现场实测台区负荷并进行重新负荷分配。

**治理成效：**通过治理，该台区在 2022 年 1 月线损率开始下降，三相不平衡度与台区同期系统线损率如图 5-109 和图 5-110 所示。

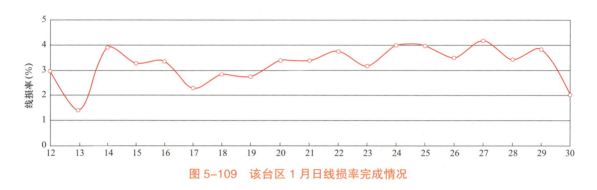

图 5-109　该台区 1 月日线损率完成情况

图 5-110　治理后该台区三相电流情况

## 二、异常类型：供电半径大

### 案例 26：供电半径大

**台区名称：**凤山 7 村 1 组（公用变压器）

**基本情况：**该台区于 2021 年 12 月 1 日线损率高达 41.32%，属于高损。如图 5-111 所示。

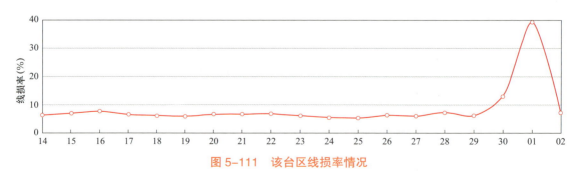

图 5-111　该台区线损率情况

**初步分析：** 经用采系统排查，发现 C 相最大电流 45.827 A，同一时间点 A 相电流 12.35 A，B 相为 14.2 A，初步判定为三相严重不平衡引起台区高损。该台区三相电流情况如图 5-112 所示。

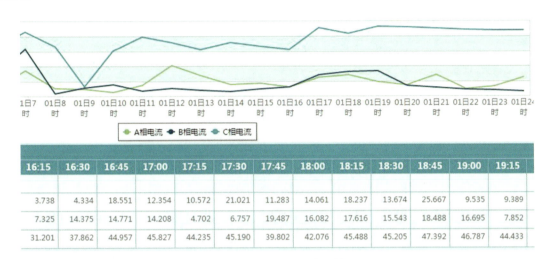

| | 16:15 | 16:30 | 16:45 | 17:00 | 17:15 | 17:30 | 17:45 | 18:00 | 18:15 | 18:30 | 18:45 | 19:00 | 19:15 |
|---|---|---|---|---|---|---|---|---|---|---|---|---|---|
| | 3.738 | 4.334 | 18.551 | 12.354 | 10.572 | 21.021 | 11.283 | 14.061 | 18.237 | 13.674 | 25.667 | 9.535 | 9.389 |
| | 7.325 | 14.375 | 14.771 | 14.208 | 4.702 | 6.757 | 19.487 | 16.082 | 17.616 | 15.543 | 18.488 | 16.695 | 7.852 |
| | 31.201 | 37.862 | 44.957 | 45.827 | 44.235 | 45.190 | 39.802 | 42.076 | 45.488 | 45.205 | 47.392 | 46.787 | 44.433 |

图 5-112　台区三相电流情况

**异常分析：** 初步确定台区高损原因后，即通过用采系统查找大负荷形成原因。通过台区线损监控发现户号为"1146***683"的单相居民客户 12 月 1 日单日用电量达到 72.02 kWh，通过分析可能是该户表计用电量突然增加，电流增大，引起线路损耗增加，台区线损出现高损，如图 5-113 所示。

图 5-113　该用户用电能表近期电能示数

通过用采系统数据分析，结合现场核实，发现该户及凤山 7 村 1 组另外 9 户由一条 220 V 低压线路供电，且为该台区低压线路末端，供电半径约 750 m，末端电压较低。因该用户长期在外务工，返乡回家后，新建房屋于近期落成，配备很多现代化家用电器，导致负荷较重。

**异常治理：** 将该台区末端的这个用户及其他 8 户用户由凤山 7 村 1 组公用变压器改接至凤山 6 村 1 组（公用变压器）用电，减小供电半径，改接后供电半径只有 0.28 km。于

2021年12月2日成功将9个用户改接至凤山6村1组公用变压器用电。12月3日，凤山7村1组（公用变压器），凤山6村1组（公用变压器）台区线损均合格。凤山7村1组（公用变压器）线损率情况如图5-114所示。

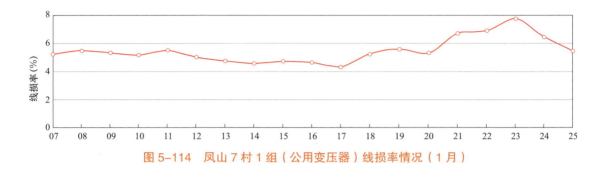

图5-114 凤山7村1组（公用变压器）线损率情况（1月）

### 案例27：供电半径大

**台区名称：** 电网_10 kV观老线老君1村9社台变

**基本情况：** 该台区属农村台区，台区容量100 kVA，低压用电户数94户。自2021年11月20日开始，线损率上升到17.39%，且持续在10%以上，线损率异常。该台区11月20日~12月7日同期日线损查询如图5-115所示。

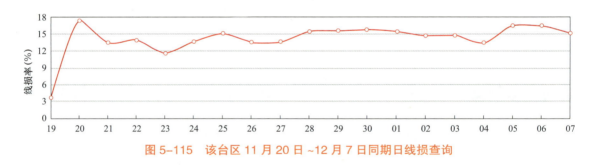

图5-115 该台区11月20日~12月7日同期日线损查询

**初步分析：** 对比11月20日同期线损系统和用采系统的日线损数据，确认两个系统中该台区数据一致，排除因档案贯通问题造成缺失用户的情况。

**异常分析：** 现场核查，没有发现采集失败和窃电用户，了解到台区末端用户（彭*刚）用电量增加，电压较低。结合该台区低压线路长950 m，供电半径较长的情况，怀疑当末端用户电量增加后电压下降，引起台区线损升高。观察一周发现线损率仍持续高损。

**异常治理：** 对该台区部分低压线路进行改造，部分负荷进行切改。新建了电网_10 kV港五线老君1村7社台区变压器，改出19户用户到新建台区，原台区的低压供电半径减少到320 m。

**治理成效：** 改造后，该台区线损率下降到3%~5%，新建台区线损率也保持在2%左右。在计量点档案正确、现场采集正常、采集系统数据正常且营配贯通无误、没有窃电用户而同期线损持续高损的情况下，应了解台区末端用户电压情况，重点怀疑是否是供电半径过长、低电压影响台区高损。经过改造后，该台区同期系统查询日线损情况，一直保持合格。治理后线损率情况如图 5-116 所示。

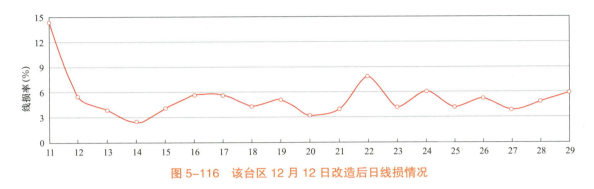

图 5-116　该台区 12 月 12 日改造后日线损情况

## 三、异常类型：其他

### 案例 28：低压电缆标示错误

台区名称：电网 _ 南门新城 D 区 2 号

基本情况：该台区属城市台区。低压用电户数 120 户，台区自 2020 年 4 月线损率一直偏高。该台区 2020 年 4 月线损率情况如图 5-117 所示。

图 5-117　该台区日线损率情况（4 月）

初步分析：用采系统查询电能表采集成功率为 100%，排除采集失败因素。台区总表电压电流正常，电压维持在 236 V 左右，电流 0.2~0.4 A，且三相电流相对平衡，排除台区总表缺相因素。该台区有 5 只互感器表，日用电量 100~300 kWh，用采系统中远程穿透五只表，发现电压电流均无问题。由于该小区居民用户用电量不大，但损耗每天近 100 kWh，因此居民窃电可能性很小。将排查重点放在考核表互感器以及几个用电量较大的商业表的核查上。

开展现场核查，发现考核计量互感器倍率均与 SG186 系统、用采系统户表档案一致，且经测量互感器未存在计量异常。现场核查 5 只互感器表也未发现异常。

异常分析：通过初步核查，未发现总表及几个互感器异常，因此需要对其他单相表计再进行例行排查。一方面，经过对该台区用户逐户进行检查，均未发现问题，只是发现某单元很多商业表还未使用，电量很低。另一方面，表计均排查完毕后没有发现明显问题。因此，基本排除表计及计量问题。同时，对于新小区，变户关系错误的可能性不大。于是核查变压器低压室电缆对应情况，排查是否有漏计。

经过检查，发现变压器低压侧电缆接线错误。变压器低压室内有两组出线电缆，根据电缆标牌，一组到物管办公室，低压室内装有一只三相总表计量；另一组到某单元商业表，计量方式为在单元楼的每个智能表计量。检查人员在征得物管同意后，对两组电缆依次停电来核查电缆供电区域。核实发现，物管办公室电缆和用电量很小的单元楼商业电能表标示牌挂反，导致物管表计装到了商业电缆低压总路，形成表后表重复计量，而真正物管用的电缆却未计量，导致高损。电缆接法如图 5-118 所示。

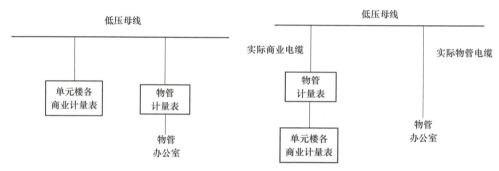

图 5-118    正确电缆接法（左图）和实际错误接法（右图）

**治理成效**：次日将两组低压电缆档案按实际修正后，台区线损恢复正常，线损率 0.88%，治理合格。治理后线损率情况如图 5-119 所示。

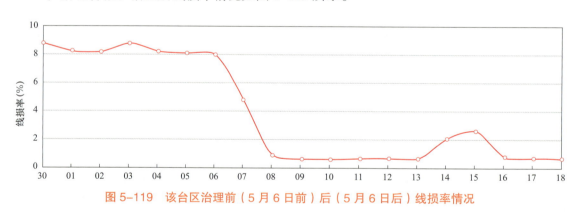

图 5-119    该台区治理前（5 月 6 日前）后（5 月 6 日后）线损率情况

**案例 29：其他**

**台区名称**：电网_10 kV 消孔线孔雀 3-7 台区

**基本情况**：该台区 2020 年 3 月 26 日前台区线损率一直保持在 7% 左右，3 月 26 日后台区线损率突变为 35% 左右，日线损率情况如图 5-120 所示。

**初步分析**：分析发现供电量增长但售电量未明显增加，可以初步判断，台区 B 相线路下有窃电或泄漏电流产生等方面的问题。该台区电流情况如图 5-121 所示。

图 5-120　台区日线损率情况

| 序号 | 数据日期 | 相序 | 点数 | 00:15 | 00:30 | 00:45 | 01:00 | 01:15 | 01:30 | 01:45 | 02:00 | 02:15 | 02:30 | 02:45 | 03:00 | 03:15 | 03:30 | 03:45 | 04:00 | 04:15 | 04:30 | 04:45 | 05:00 | 05:15 | 05:30 |
|---|---|---|---|---|---|---|---|---|---|---|---|---|---|---|---|---|---|---|---|---|---|---|---|---|---|
| 1 | 2020-03-25 | 零序电流 | 96 | | | | | | | | | | | | | | | | | | | | | | |
| 2 | 2020-03-25 | A相 | 96 | 0.058 | 0.056 | 0.073 | 0.053 | 0.044 | 0.049 | 0.041 | 0.069 | 0.057 | 0.042 | 0.044 | 0.044 | 0.05 | 0.369 | 0.382 | 0.049 | 0.356 | 0.053 | 0.051 | 0.056 | 0.247 | 0.261 |
| 3 | 2020-03-25 | B相 | 96 | 0.076 | 0.084 | 0.072 | 0.077 | 0.09 | 0.063 | 0.068 | 0.064 | 0.065 | 0.062 | 0.07 | 0.093 | 0.046 | 0.068 | 0.045 | 0.067 | 0.041 | 0.09 | 0.062 | 0.06 | 0.057 | 0.07 |
| 4 | 2020-03-25 | C相 | 96 | 0.217 | 0.172 | 0.179 | 0.103 | 0.124 | 0.163 | 0.412 | 0.148 | 0.1 | 0.112 | 0.154 | 0.17 | 0.108 | 0.117 | 0.097 | 0.113 | 0.112 | 0.101 | 0.324 | 0.092 | 0.104 | 0.104 |
| 5 | 2020-03-24 | 零序电流 | 96 | | | | | | | | | | | | | | | | | | | | | | |
| 6 | 2020-03-24 | A相 | 96 | 0.381 | 0.099 | 0.089 | 0.068 | 0.059 | 0.053 | 0.051 | 0.05 | 0.048 | 0.046 | 0.048 | 0.038 | 0.047 | 0.053 | 0.059 | 0.044 | 0.042 | 0.042 | 0.121 | 0.35 | 0.206 | 0.214 |
| 7 | 2020-03-24 | B相 | 96 | 0.096 | 0.072 | 0.052 | 0.094 | 0.097 | 0.079 | 0.076 | 0.076 | 0.053 | 0.075 | 0.105 | 0.058 | 0.064 | 0.054 | 0.311 | 0.061 | 0.075 | 0.266 | 0.044 | 0.053 | 0.06 | 0.09 |
| 8 | 2020-03-24 | C相 | 96 | 0.163 | 0.203 | 0.217 | 0.228 | 0.117 | 0.126 | 0.122 | 0.184 | 0.155 | 0.125 | 0.446 | 0.128 | 0.403 | 0.112 | 0.145 | 0.128 | 0.115 | 0.104 | 0.126 | 0.11 | 0.119 | 0.137 |
| 9 | 2020-03-23 | 零序电流 | 96 | | | | | | | | | | | | | | | | | | | | | | |
| 10 | 2020-03-23 | A相 | 96 | 0.17 | 0.05 | 0.052 | 0.056 | 0.064 | 0.06 | 0.351 | 0.057 | 0.047 | 0.059 | 0.054 | 0.049 | 0.047 | 0.041 | 0.044 | 0.041 | 0.349 | 0.375 | 0.365 | 0.056 | 0.076 | 0.054 |
| 11 | 2020-03-23 | B相 | 96 | 0.062 | 0.053 | 0.064 | 0.054 | 0.055 | 0.068 | 0.076 | 0.087 | 0.084 | 0.058 | 0.062 | 0.298 | 0.06 | 0.05 | 0.071 | 0.061 | 0.068 | 0.054 | 0.062 | 0.063 | 0.052 | 0.061 |
| 12 | 2020-03-23 | C相 | 96 | 0.232 | 0.27 | 0.199 | 0.146 | 0.46 | 0.136 | 0.218 | 0.426 | 0.157 | 0.179 | 0.16 | 0.163 | 0.196 | 0.202 | 0.209 | 0.196 | 0.205 | 0.199 | 0.182 | 0.269 | 0.506 | 0.22 |

图 5-121　台区电流数据

**异常分析：**经对比用采系统该台区线损合格时与不合格时考核表电流进行分析，发现异常时，B 相电流突然增大且较稳定。

**现场排查：**5 月 15 日现场通过钳形电流表测得变压器出线 B 相一次电流为 12 A 左右。但该台区该相只有 5 户用户用电且用电量都不是很大。现场排查后，发现该线路下没有障碍物和明显的接地点，重点排查确定该相线路下是否有窃电或泄漏电流存在。为排查问题点，决定登杆逐基测量每基电杆前后每户下户线电流变化情况，以便缩小问题范围。现场测试情况如图 5-122 所示。

图 5-122　治理前后现场电流表测量数据

**治理成效**：经过排查测得用户"何＊俊"处下户线电流达到 9 A，而该用户当时没有用电。进一步排查发现该户表计进相线与出中性线共接导致接地，异常处理后，电流恢复正常。治理后线损率如图 5-123 所示。

图 5-123　台区治理后同期系统线损率

**案例 30：其他**

**台区名称**：10 kV 柳龙线龙蚕 2 村 1 号 1 台区

**基本情况**：该台区属于农村台区，低压用户 71 户，台区线损率在 2020 年 8 月 5 日后一直呈高损，日线损最高 35.36%，日损耗电量最高达 400 kWh 以上。日线损率情况如图 5-124 所示。

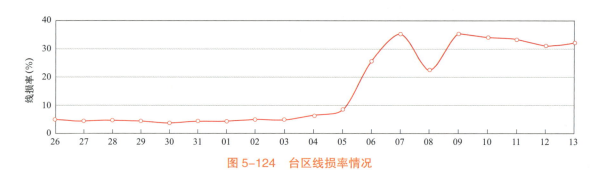

图 5-124　台区线损率情况

**初步分析**：通过查看同期系统和用采系统，对比台区历史数据，排除台户关系错误、采集成功率低、互感器配置不合理、互感器故障等问题。初步怀疑该台区存在计量装置故障或用户窃电的问题。

**异常分析**：利用同期线损系统对该台区售电量查询分析，发现用户"蓬安县龙蚕镇狮儿村＊＊种养殖合作社"电量从 8 月 3 日开始突增。通过用采系统穿透该用户表计三相电压和电流数据，发现该用户电流 A 相 73 A、B 相 69 A、C 相 78 A。查询 SG186 系统该用户档案，发现该用户电能表为三相四线直配式电能表，表计最大额定电流为 60 A。因此结合实际电流与表计参数，判断该用户超容用电导致计量异常。用户电量情况、用户表计档案情况、用户三相电流情况分别如图 5-125~ 图 5-127 所示。

图 5-125　用户电量情况

图 5-126　用户表计档案情况

图 5-127　用户三相电流情况

**异常治理：**经现场调查，该户为一个养猪场，搭火点位于线路末端，由于本月持续高温影响，猪场用电负荷猛增，过负荷造成部分电量未被电能表计量，加上负荷离变压器较远，引起台区线损高。对该用户电能表进行了迁移和更换，并通知用户了办理了增容手续。

治理成效：该台区线损于 20 日恢复正常。用户增容情况、治理后台区线损率情况如图 5-128 所示。

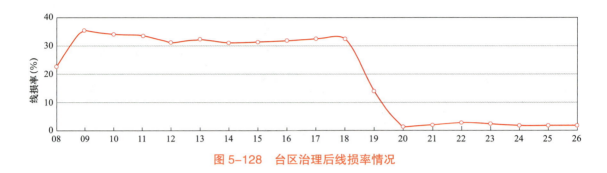

图 5-128 台区治理后线损率情况

# 第六章 理论线损计算异常治理案例

## 第一节 运行数据不完整

理论线损计算运行数据来源于用采系统，包括台区总表电流数据、各专用变压器功率数据、变电站关口电压数据等。运行数据的缺失会导致理论线损计算不可算，应结合实际情况进行处理。本节中通过两个示例对运行数据不完整的治理进行讲解。

**异常类型：** 运行数据缺失

**案例1：台区运行数据缺失**

**台区名称：** 10 kV 北口线花市坝 2 号台区

**基本情况：** 该台区 8 月 16 日理论线损计算中，由于运行数据缺失，导致不可算，如图 6-1 所示。

| 台区名称 | 所属线路 | 数据完整性检查 | | | 表箱数量 | | |
|---|---|---|---|---|---|---|---|
| | | 档案参数 | 拓扑 | 运行数据 | 档案 | 模型 | 匹配模型 |
| 10kV北口线花市坝#2台变 | 10kV北口线 | 完整 | 完整 | 不完整 | 17 | 22 | 17 |

图 6-1　该台区数据完整性检查情况

**初步分析：** 选择该台区，通过运行数据详情查看具体运行数据情况，发现"变压器运行数据"缺失，均为"空"值。该台区变压器运行数据情况如图 6-2 所示。

| | | | | | | | | | | | | | | | | | |
|---|---|---|---|---|---|---|---|---|---|---|---|---|---|---|---|---|---|
| 台区名称：10kV北口线花市坝#2台变 | | | | 配线名称：10kV北口线 | | | | | | 开始日期：2021-08-16 | | | | | | | |
| 数据类型：电流 | | | | 是否展示同期电量：否 | | | | | | | | | | | | | |

电量　变压器运行数据

导出

| | 台区编号 | 台区名称 | 变压器名称 | 数据类型 | 倍率 | 0点 | 1点 | 2点 | 3点 | 4点 | 5点 | 6点 | 7点 | 8点 | 9点 | 10点 | 1... |
|---|---|---|---|---|---|---|---|---|---|---|---|---|---|---|---|---|---|

图 6-2　该台区变压器运行数据情况

**异常分析**：检查用采系统数据情况，发现用采系统中台区总表无电压电流数据（见图 6-3），导致 8 月 16 日同期线损系统中运行数据不完整。

图 6-3　用采系统该台区总表运行数据情况

**异常治理**：经现场检查，该台区集中器损坏，厂家为 * 成电子，联系厂家不能及时处理。更换集中器，之后总表计量点在采集系统中恢复 96 点曲线电压电流数据，8 月 20 日，同期线损系统中该台区运行数据恢复正常。处理后同期线损系统运行数据情况如图 6-4 和图 6-5 所示。

图 6-4　治理后同期线损系统运行数据情况

图 6-5　治理后同期线损系统运行数据已显示为"完整"

### 案例 2：线路运行数据缺失

**线路名称**：10 kV 杨潭线

**基本情况**：该线路在 9 月 6 日理论线损计算中，由于运行数据缺失，导致不可算，如图 6-6 所示。

| 序号 | 线路编号 | 线路名称 | 所属变电站 | 数据完整性检查 | | | | 线路电缆长度(m) | |
| --- | --- | --- | --- | --- | --- | --- | --- | --- | --- |
| | | | | 存在起点 | 档案参数 | 拓扑 | 运行数据 | 档案 | 模型 |
| 1 | 19M00000090895847 | 10kV杨潭线 | 南充.杨家桥站 | 是 | 完整 | 完整 | 不完整 | 649.60 | 649.60 |

图 6-6　该线路数据完整性检查情况

初步分析：经过核查该线路模型，发现该线路运行数据不完整，公用专用变压器功率完整占比低于 80%，导致该线路无法计算理论线损。行数据检查结果 – 功率完整占比低于 80% 如图 6-7 所示，行数据不完整检查详情如图 6-8 所示。

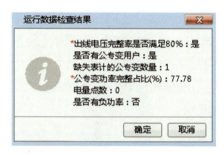

图 6-7　行数据检查结果 – 功率完整占比低于 80%

| 设备名称 | 设备类型 | 数据类型 | 相别 | 计量点编号 | 表号 | 倍率 | 额定容量 | 同期电量 | 00:00 | 00:15 | 00:30 | 00:45 | 01:00 | 01:15 | 01:30 | 01:45 | 02:00 | 02:15 |
| --- | --- | --- | --- | --- | --- | --- | --- | --- | --- | --- | --- | --- | --- | --- | --- | --- | --- | --- |
| 晋新8村3社公变 | 配电变压器 | | | | | | 50 | | | | | | | | | | | |
| 九龙潭水库公变 | 配电变压器 | | | 00015473025 | 2220023589 | 60 | 200 | | | | | | | | | | | |
| 九龙潭水库公变 | 配电变压器 | | | 00015473025 | 228000002067053627 | 100 | 200 | | | | | | | | | | | |
| 城东粮库 | 高压用户 | | | 03700157124 | 2234762467 | 1 | 50 | | | | | | | | | | | |
| 城东粮库 | 高压用户 | | | 03700157124 | 228000002086924861 | 1 | 50 | | | | | | | | | | | |
| 城东粮库 | 高压用户 | | | 03700157124 | 228000002102179388 | 1 | 50 | | | | | | | | | | | |
| 九龙潭水库公变 | 配电变压器 | 无功 | ABC相 | 00015473025 | 228000002082172540 | 100 | 200 | | -0.0003 | -0.0093 | 0.0045 | -0.0005 | -0.0057 | -0.0010 | -0.0044 | -0.0004 | -0.0071 | -0.004 |
| 九龙潭水库公变 | 配电变压器 | 无功 | ABC相 | 00031394738 | 228000002067052102 | 50 | 200 | | -0.0120 | -0.0027 | 0.0036 | -0.0089 | -0.0122 | 0.0063 | -0.0083 | -0.0107 | -0.0036 | -0.011 |
| 九龙潭西南加油站... | 配电变压器 | 有功 | ABC相 | 00027968966 | 228000002067054975 | 120 | 400 | 0.0 | 0.0000 | 0.0000 | 0.0000 | 0.0000 | 0.0000 | 0.0000 | 0.0000 | 0.0000 | 0.0000 | 0.000 |
| 九龙潭西南加油站... | 配电变压器 | 无功 | ABC相 | 00027968966 | 228000002067054975 | 120 | 400 | | 0.0000 | 0.0000 | 0.0000 | 0.0000 | 0.0000 | 0.0000 | 0.0000 | 0.0000 | 0.0000 | 0.000 |
| 九龙潭西南加油站... | 配电变压器 | 无功 | ABC相 | 00027969006 | 228000002067056554 | 160 | 400 | | 0.0000 | 0.005... | 0.0000 | 0.0026 | 0.0019 | 0.0023 | 0.0017 | 0.0015 | -0.0033 | -0.003 |
| 西充县九龙潭水库 | 高压用户 | 有功 | ABC相 | 00031331368 | 228000002082825212 | 200 | 30 | 10.0 | 0.0025 | 0.0025 | 0.0025 | 0.0025 | 0.0025 | 0.0025 | 0.0025 | 0.0025 | 0.0025 | 0.002 |

图 6-8　行数据不完整检查详情

异常分析：核查现场及 SG186 系统档案，发现晋新 8 村 3 社台区已停用，城东粮库专用变压器已增容并更换变比，如图 6-9 和图 6-10 所示。

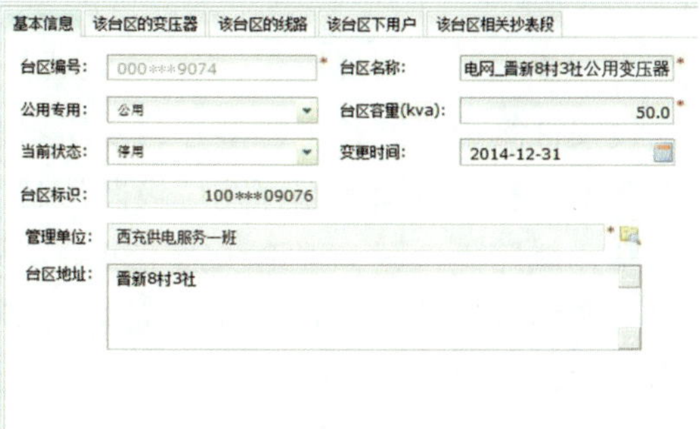

图 6-9　晋新 8 村 3 社公用变压器 SG186 停用状态

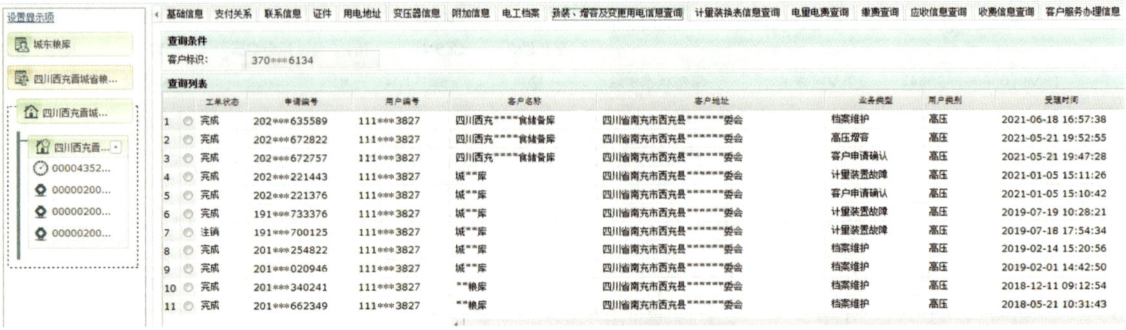

图 6-10　城东粮库增容流程

**异常治理：** 10 kV 杨潭线运行参数不完整主要原因是城东粮库（四川西充晋城省 ** 储备库）增容及更换变比后，图模未更新导致。在 GIS 系统中修改图形后，重新导出 SVG 图形，并重新生成图模，之后 10 kV 杨潭线运行参数完整，"公专变功率完整占比"达到 88.89%，如图 6-11 和图 6-12 所示。

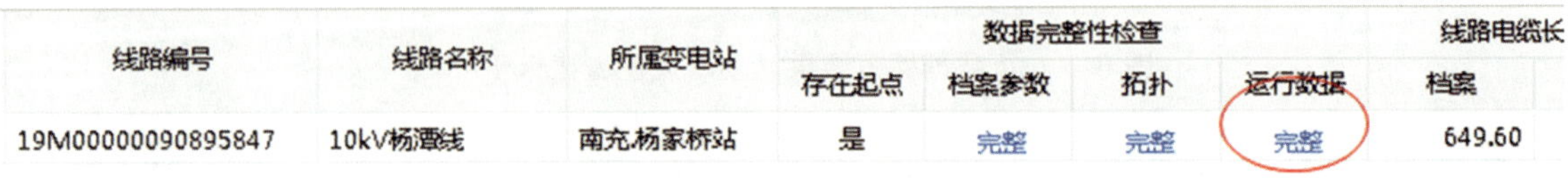

| 线路编号 | 线路名称 | 所属变电站 | 数据完整性检查 | | | | 线路电缆长 |
| --- | --- | --- | --- | --- | --- | --- | --- |
| | | | 存在起点 | 档案参数 | 拓扑 | 运行数据 | 档案 |
| 19M00000090895847 | 10kV杨潭线 | 南充杨家桥站 | 是 | 完整 | 完整 | 完整 | 649.60 |

图 6-11　10 kV 杨潭线运行参数完整

运行数据检查结果

*出线电压完整率是否满足80%：是
是否有公专变用户：是
缺失表计的公专变数量：1
*公专变功率完整占比(%)：88.89
电量点数：0
是否有负功率：否

图 6-12　10 kV 杨潭线运行数据检查情况

# 第二节　档案参数异常

各源端系统提供了理论线损计算中线路长度、型号、变压器空载损耗、负载损耗等档案参数。一方面源端系统台账不完整或者图形端存在垃圾图形将会造成线路（台区）在同期线损系统中档案参数不完整，线路（台区）理论线损不可算。另一方面，档案参数的错误将造成理论线损计算结果与实际有偏差。因此及时准确地对源端档案参数进行维护是理论线损计算的重要工作。本节中，以两条线路、一个台区档案参数不完整为例说明档案参数完整的治理。

**异常类型：** 档案参数不完整

**案例3：线路档案参数不完整**

**线路名称：** 10 kV 坝政线

**基本情况：** 该线路在 11 月 15 日理论线损计算中，由于档案参数不完整，导致线路理论线损不可算，如图 6-13 所示。

| | 序号 | 线路编号 | 线路名称 | 所属变电站 | 数据完整性检查 | | | |
|---|---|---|---|---|---|---|---|---|
| | | | | | 存在起点 | 档案参数 | 拓扑 | 运行数据 |
| ☐ | 1 | 19M00000031789280 | 10kV坝政线 | 南充.黄家坝站 | 是 | 不完整 | 完整 | 不完整 |
| ☐ | 2 | 19M00000012235597 | 10kV南化线 | 南充.城南站(南… | 是 | 不完整 | 完整 | 不完整 |
| ☐ | 3 | 19M00000010813286 | 10kV鼓永线 | 南充.天鼓岭站 | 是 | 不完整 | 完整 | 完整 |
| ☐ | 4 | 19M00000087472007 | 10kV东梅线 | 南充.东坝站(南… | 是 | 不完整 | 完整 | 完整 |

**图 6-13　档案参数完整性情况**

**初步分析：** 点击"不完整"查看档案参数完整性详情，可以查看相应参数异常的设备。参数异常处提示不为"0"的，就表示此类设备参数存在异常，可以点击数字查看详情，如图 6-14 所示。

**图 6-14　查询档案异常明细情况**

**异常分析：** 此线路的架空线段类设备参数异常，根据图 6-14 中所示，此导线无型号和长度，说明该设备可能为垃圾设备。首先，在 PMS 台账端查找设备，若有该设备，并与现场一致，则填写相应的型号并保存。之后，重新在 GIS 系统端导出 SVG 图模，次日更新图模，生成模型即可。若 PMS 台账端没有找到此设备的台账，说明此设备可能是仅仅在图形端存在的垃圾档案。此时，在图形端找到此设备删除即可（注意：找到此设备时，显示此设备无子设备时才可删除，以免造成下级子设备档案异常），之后，在 GIS 系统重新生成单线图并导出 SVG 图形，次日更新图模，生成模型即可解决此问题。

### 案例4：线路档案参数不完整

**线路名称：** 10 kV 南化线

**基本情况：** 该线路在 8 月 20 日理论线损计算中，由于档案参数不完整，导致理论线路不可算，如图 6–15 所示。

图 6–15　档案参数完整性情况

**初步分析：** 点击"不完整"查看档案参数完整性详情，可以查看相应参数异常的设备。发现该线路下有一高供低计专用变压器用户"南部县 ** 酒业有限公司"变压器设备型号为空，如图 6–16 所示。

图 6–16　档案参数不完整详细情况

**异常分析：** 由于同期理论线损专用变压器的设备型号来源于 SG186 系统中用户档案下的变压器档案，因此对 SG186 系统档案进行检查。发现该用户变压器档案中设备型号为空，导致同步到同期理论线损档案中设备型号同样为空，如图 6–17 所示。

图 6–17　SG186 系统中该用户的变压器档案

**异常治理**：立即对档案完善，同步后，检查同期理论线损系统档案，档案参数已经变"完整"。治理后线路档案参数"完整"如图 6-18 所示。

图 6-18　治理后线路档案参数"完整"

### 案例 5：台区档案参数不完整

**台区名称**：龙门 9 村 11 社台区

**基本情况**：该台区在 9 月 20 日理论线损计算中，由于档案参数不完整，导致理论线损不可算，如图 6-19 所示。

图 6-19　该台区理论线损档案完整性情况

**初步分析**：点击"不完整"，显示异常明细。异常参数设备有 2 条（见图 6-20），其设备型号和单位电阻空缺。

图 6-20　该台区不完整档案明细

**异常治理**：新增"设备变更"流程，在 PMS 系统和 GIS 系统中，找到对应设备，并补充设备型号档案（见图 6-21）。同时，确认该型号在同期显示系统理论"设备型号库"中。维护完后进入 GIS 系统，重新生成台区图形后，导出 CIMSVG 文件，完成维护推送任务，即完成异常治理。

图 6-21　PMS 系统中维护线段档案参数

# 第三节　模型拓扑异常

10 kV 线路（台区）的拓扑结构参数来源于 GIS 系统，图形中各线路连接方式与实际不一致、存在环路、存在断开点等情况均会导致理论线损不可算。本节中以一条线路为案例说明拓扑不完整的治理，台区理论线损的治理同理。

**异常类型**：拓扑异常

**案例 6：线路拓扑异常**

**线路名称**：10 kV 北联线

**基本情况**：该线路在 2 月 14 日理论线损计算中，由于拓扑异常（存在断开点），导致线路理论线损不可算，如图 6-22 所示。

| 线路名称 | 所属变电站 | 数据完整性检查 | | | | 线路电缆长度(m) | |
| --- | --- | --- | --- | --- | --- | --- | --- |
| | | 存在起点 | 档案参数 | 拓扑 | 运行数据 | 档案 | 模型 |
| 10kV北联线 | 南充·城北站(营… | 是 | 完整 | 2 | 完整 | 11574.20 | 11574.20 |

图 6-22　该线路拓扑完整性情况

**初步分析**：点击图 6-22 中"拓扑"下数字"2"，可以查看拓扑详细情况。可以看到系统生成的拓扑图中，存在断开点，将整个台区分成"2"个区域，如图 6-23 中的红圈所示。

**异常分析**：进一步分析，点击孤立设备，可以发现断开点设备为"** 中心配电室 9028 隔离开关"，如图 6-24 所示。进入 GIS 系统进一步查看，发现"** 中央公园小区 1 号变压器"最后连接点为"** 中心配电室 9028 隔离开关"，与同期线损系统一致。

图 6-23 该线路的拓扑图

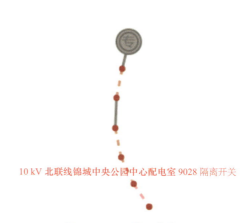

10 kV 北联线锦城中央公园中心配电室 9028 隔离开关

图 6-24 异常设备名称

**异常治理：**分析发现在连接 1 号变压器的 9111 隔离开关之后，最后接点为 "** 中心配电室 9028 隔离开关"，说明该节点未与其他线路相连。因此，对 9111 隔离开关与相连的线路进行重新画图后，生成台区单线图，导出 SVG 图形，之后拓扑图形同步到同期线损系统，异常治理完成。GIS 系统中的断开点情况如图 6-25 所示。

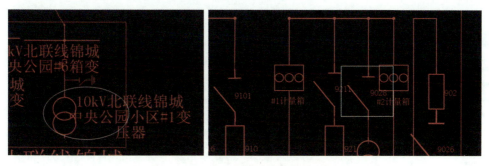

图 6-25 GIS 系统中的断开点情况

# 第四节 两率（电量）偏差异常

理论线损计算中，两率偏差异常指的是设备的同期日线损率和理论线损率差异在 -0.5 到 3 个百分点以外。电量偏差异常指的是设备的理论线损供电量和当日实际线损率供电量差异率超过 20%。两率（电量）偏差异常，说明因拓扑、设备参数等与实际不一致造成理论线损的计算结果有误或者当日同期日线损率计算有误。因此，出现两率（电量）偏差异常，需要仔细地核对线损率计算和理论线损的参数情况，进行针对性的治理。本节中，以一个两率偏差异常的治理和两个电量偏差异常的治理为案例进行说明。

## 一、异常类型：电量偏差异常

### 案例 7：台区理论线损电量偏差异常

**台区名称：**电网 _10 kV 城园线周河路 6 号台区

**基本情况：**该台区在 8 月 16 日同期日线损计算中，供电量 1632 kWh，售电量 1577.35 kWh，线损率 3.35%。16 日理论线损计算供电量 1111.11 kWh，售电量 1102.84 kWh，理论线损率 0.7445%，供电量偏差 520.9 kWh，偏差率 30.1%，电量偏差指标异常。该台区同期日线损率、理论线损率及电量偏差情况如图 6-26~ 图 6-28 所示。

图 6-26　台区同期日线损情况

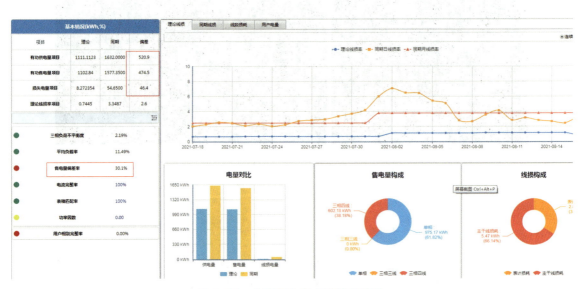

图 6-27　台区理论线损计算情况

图 6-28　台区用户及电量偏差情况

**初步分析：**核实后，确认用采系统和同期系统供电量、售电量、用户数、采集成功率、线损率完全一致，排除营销和营配档案不一致引起电量偏差情况。检查理论线损计算用户数和同期日线损用户数，发现用户数存在差异，日线损计算比理论计算用户数多 3 户，存在用户数据不一致，导致供电量偏差。用户数量偏差情况如图 6-29 和图 6-30 所示。

图 6-29　同期日线损低压用户情况

图 6-30　理论线损计算用户情况

**异常分析：**经检查发现，某表箱里面的用户全部未接入理论线损计算，导致同期日线损和理论线损用户数存在差异。怀疑因条形码变化或表箱中新增加用户未重新导出图模所致。导出 8 月 16 日用户电量明细，比对用户编号，找出理论计算缺失的用户，如图 6-31 所示。

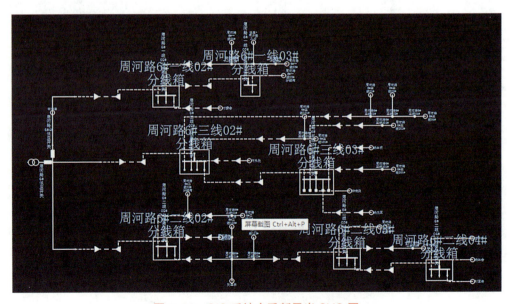

图 6-31  台区相应差异的用户

**异常治理：** 在 GIS 系统选出该台区，检查缺失的表箱用户，并重新导出图模。GIS 系统中重新导出 SVG 图如图 6-32 所示。

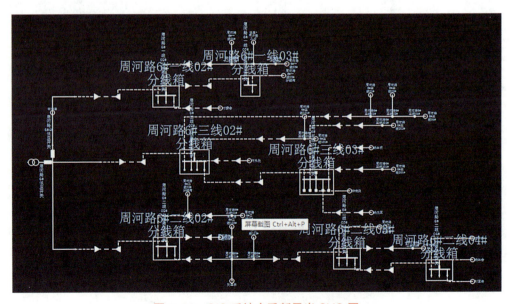

图 6-32  GIS 系统中重新导出 SVG 图

**治理成效：** 通过重新导图，理论线损计算用户数与日线损计算用户数均为 113 户，23 日同期日线损供电量 1365.60 kWh，理论线损供电量 1345.25 kWh，用户数据一致，售电量一致，电量偏差率无异常，如图 6-33~ 图 6-35 所示。

| 台区编号 | 台区名称 | 看板详情 | 所属配线 | 数据时间 | 用户数 | 有功供电量(kWh) | 输出电量(kWh) | 售电量(kWh) | 损耗电量(kWh) |  |  |
|---|---|---|---|---|---|---|---|---|---|---|---|
|  |  |  |  |  |  |  |  |  | 表计损失 | 线段损失 | 总损失电量 |
| 0001113202 | 10kV城围线周河路#6箱变 | 看板详情 | 10kV城围线 | 2021-08-23 | 42 | 1345.2466 | 0.0000 | 1340.6100 | 2.9633 | 1.6733 | 4.6366 |

图 6-33 该台区理论线损情况

图 6-34 该台区日线损情况

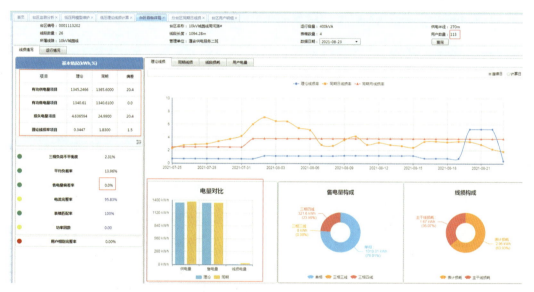

图 6-35 该台区电量偏差情况

## 案例 8：线路理论线损电量偏差异常

**线路名称：** 10 kV 北政线

**基本情况：** 8 月 20 日理论线损计算中，10 kV 北政线同期供电量为 36640 kWh，理论供电量 24405 kWh，偏差电量 12234，电量偏差率 50.13%，如图 6-36 所示。

| 序号 | 设备编号 | 设备名称 | 设备类型 | 同期供电量 | 理论供电量 | 拉手线理论供电量 | 偏差电量 | 电量偏差率 | 管理单位 | 上级管 |
|---|---|---|---|---|---|---|---|---|---|---|
| 1 | 19M000000031494614 | 10kV城凤二线 | 10千伏线路 | 0 | 11915.0231 | 76985.8232 | -76985.8232 | 100 | 国网蓬安县供电公司 | 国网南充供电 |
| 2 | 19M00000020971761 | 10kV城周一线 | 10千伏线路 | 0 | 65070.8001 | 76985.8232 | -76985.8232 | 100 | 国网蓬安县供电公司 | 国网南充供电 |
| 3 | 19M000000015471050 | 10kV城沟线 | 10千伏线路 | 40160 | 25579.8245 | | 14580.1755 | 56.9987 | 国网蓬安县供电公司 | 国网南充供电 |
| 4 | 19M000000081991539 | 10kV城清一线 | 10千伏线路 | 78480 | 40364.8036 | | 38115.1964 | 94.4268 | 国网蓬安县供电公司 | 国网南充供电 |
| 5 | 19M000000014141645 | 10kV北政线 | 10千伏线路 | 36640 | 24405.6379 | | 12234.3621 | 50.1292 | 国网蓬安县供电公司 | 国网南充供电 |
| 6 | 19M000000014187265 | 10kV城开线 | 10千伏线路 | 0 | 20970.1914 | | -20970.1914 | 100 | 国网蓬安县供电公司 | 国网南充供电 |
| 7 | 19M0000000099943231 | 10kV镜正线 | 10千伏线路 | 22380 | 10634.9018 | | 11745.0982 | 110.4392 | 国网蓬安县供电公司 | 国网南充供电 |
| 8 | 19M000000011446567 | 10kV巨周线 | 10千伏线路 | 0 | 101167.7944 | | -101167.7944 | 100 | 国网蓬安县供电公司 | 国网南充供电 |
| 9 | 19M000000012236587 | 10kV城一线 | 10千伏线路 | 0 | | | | | 国网蓬安县供电公司 | 国网南充供电 |
| 10 | 19M000000017399192 | 10kV罗济线 | 10千伏线路 | 11340 | 25299.1844 | | -13959.1844 | 55.1764 | 国网蓬安县供电公司 | 国网南充供电 |
| 11 | 19M000000031494568 | 10kV城凤一线 | 10千伏线路 | 0 | 23216.2663 | | -23216.2663 | 100 | 国网蓬安县供电公司 | 国网南充供电 |

图 6-36 8 月 20 日配网电量偏差异常情况

**初步分析：** 在理论线损模型检查处，发现 10 kV 北政线有输入、输出两部分电量，理论线损计算供电量中仅有输入电量，输出电量未体现，如图 6-37 所示。电量偏差情况如图 6-38 和图 6-39 所示。

| 线路名称 | 变电站名称 | 日期 | 电压等级 | 达标情况 | 线损归类 | 线损类型 | 输入电量(kWh) | 输出电量(kWh) | | 修复前 | | |
|---|---|---|---|---|---|---|---|---|---|---|---|---|
| | | | | | | | | | 合计 | 台区电量(kWh) | 专变电量(kWh) | 高供高计电量(kWh) |
| 10kV北政线 | 南充·城北站(蓬安) | 2021-08-20 | 交流10kV | 连续达标次数:34 | 经济运行（1... | 达标 | 36640.00 | 11697.40 | 24344.00 | 23384.6000 | 959.4000 | 0.0000 |

**图 6-37　线路同期 8 月 20 日线损**

| 配线名称 | 所属变电站 | 数据时间 | 计算方法 | 有功供电量(kWh) | | 无功供电量(kvarh) | | 输出电量(kWh) | 售电量(kWh) |
|---|---|---|---|---|---|---|---|---|---|
| | | | | 总电量 | 分布式上网电量 | 总电量 | 分布式上网电量 | | |
| 10kV北政线 | 南充城北站(蓬安) | 2021-08-20 | 前推回代潮流法 | 24405.6379 | 0.0000 | 3817.5714 | 0.0000 | 0.0000 | 24139.6960 |

**图 6-38　配网理论计算 20 日线损**

**图 6-39　该线路电量偏差情况**

**异常分析：** 10 kV 北政线同期供电量和理论相比，差异较大。同期日线损中有输出电量，而在理论线损计算时，供电量中只有输入电量，没有配置输出电量，导致供电量偏差异常。

**异常处理：** 在配网模型检查中，打开该线路的拓扑关系，在超链接勾选出输出计量点的开关（设备）名称设置为联络开关。在联络开关查询到配置的开关后，关联计量点设置，对照输出电量关口线路一览表，选择计量编号，添加计量点，将输出关口计量点配置到理论线损中，如图 6-40~ 图 6-42 所示。

| 线路名称 | 所属变电站 | 数据完整性检查 | | | | 线路电缆长度(m) | |
| | | 存在起点 | 档案参数 | 拓扑 | 运行数据 | 档案 | 模型 |
| --- | --- | --- | --- | --- | --- | --- | --- |
| 10kV北政线 | 南充.城北站(蓬... | 是 | 完整 | 完整 | 完整 | 94.50 | 94.50 |

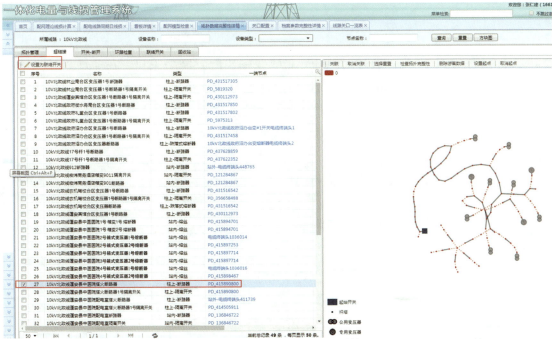

图6-40 设置联络开关

**图 6-41　进行联络开关关联计量点设置**

**图 6-42　拓扑中对照输出计量点设置好联络开关计量点**

异常治理：9 月 19 日，通过对 10 kV 北政线输出配置联络关口，在 9 月 20 日的理论线损计算中，供电量为 14836 kWh，配电线路同期日线损供电量 15680 kWh，偏差电量为 844 kWh，偏差率为 5.69%，供电量偏差在合理范围。治理后该线路理论计算供电量情况如图 6-43 所示，治理后该线路日计算供电量情况如图 6-44 所示。

**图 6-43　治理后该线路理论计算供电量情况**

**图 6-44　治理后该线路日计算供电量情况**

## 二、异常类型：两率偏差异常

### 案例 9：台区理论线损电量偏差异常

**台区名称：** 10 kV 巨睦线睦坝 8 村 1 号台变

**基本情况：** 该台区 2022 年 1 月 20 日理论线损率 9.68%，损耗电量 25.48 kWh，其中表计损耗 3.36 kWh，线段损耗 22.12 kWh。20 日同期日线损率 5.32%，两率偏差 –4.37%，两率偏差合理率为 –0.5%~3% 之间，该台区两率偏差异常。该台区理论线损计算两率偏差情况如图 6–45 所示。

| 台区名称 | 看板详情 | 所属配线 | 数据时间 | 用户数 | 有功供电量(kWh) | 输出电量 | 售电量(kWh) | 表计损失 | 线段损耗 | 总损失电量 | 三相不平衡 | 理论线损率(%) | 同期线损率(%) | 周期供电量 | 供电量偏差 | 线损率偏差 |
|---|---|---|---|---|---|---|---|---|---|---|---|---|---|---|---|---|
| 10kV巨睦线睦坝8村1台变 | 看板详情 | 10kV巨睦线 | 2022-01-... | 65 | 263.0671 | 0.00... | 237.5900 | 3.3600 | 22.1171 | 25.4771 | 67.4138 | 9.6846 | 5.3162 | 250.9300 | 12.1371 | -4.3684 |

**图 6–45　该台区理论线损计算两率偏差情况**

**初步分析：** 在低压理论线损计算台区看板详情中发现，该台区日线损率和月线损率相对稳定，在 5%~6% 之间。而理论线损率远远高于日线损，一般在 10%，最高达 28%，如图 6–46 所示。查看线段损耗情况。发现该台区有 3 处线路长度较长，最高长达 800 m，导线型号均 LGJ–25XX，如图 6–47 所示。怀疑型号错误，导致该台区损耗过高。初步判断是导线长度和型号有误，如图 6–48 所示，需要现场核实。

**图 6–46　该台区理论线损、日线损情况**

| 低压段名称 | 单位电阻(Ω/km) | 长度(m) | 线段电阻(Ω) | 等值电阻(Ω) | 数据时间 | 有功供电量(kWh) | 售电量(kWh) | 损耗电量(kWh) | 线损率(%) | 三相 |
|---|---|---|---|---|---|---|---|---|---|---|
| 睦坝8村1号台变三线01#-睦坝8村1号台变三线02#导线 | 8.3 | 200 | 1.66 | 0.1964 | 2022-01-20 | 115.4949 | 108.1793 | 7.3156137 | 6.3341 | |
| 睦坝8村1号台变三线02#-睦坝8村1号台变三线03#导线 | 0.64 | 12.41 | 0.0079 | 0.0008 | 2022-01-20 | 99.0693 | 99.0400 | 0.02935119 | 0.0296 | |
| 睦坝8村1号台变00#-睦坝8村1号台变三线01#导线 | 8.3 | 550 | 4.565 | 0.2717 | 2022-01-20 | 86.8458 | 76.7231 | 10.122699 | 11.6559 | |
| 睦坝8村1号台变三线03#-睦坝8村1号台变三线04#导线 | 0.64 | 13.47 | 0.0086 | 0.0006 | 2022-01-20 | 81.3200 | 81.2985 | 0.02147333 | 0.0264 | |
| 睦坝8村1号台变三线04#-睦坝8村1号台变三线05#导线 | 0.64 | 13.08 | 0.0084 | 0.0004 | 2022-01-20 | 67.1431 | 67.1289 | 0.01421425 | 0.0212 | |
| 睦坝8村1号台变三线05#-睦坝8村1号台变三线06#导线 | 0.64 | 13.08 | 0.0084 | 0.0003 | 2022-01-20 | 56.4785 | 56.4685 | 0.01006021 | 0.0178 | |
| 睦坝8村1号台变三线06#-睦坝8村1号台变三线07#导线 | 0.64 | 13.42 | 0.0086 | 0.0002 | 2022-01-20 | 50.6485 | 50.6402 | 0.00830309 | 0.0164 | |
| 睦坝8村1号台变三线07#-睦坝8村1号台变三线08#导线 | 0.64 | 11.51 | 0.0074 | 0.0001 | 2022-01-20 | 41.3634 | 41.3585 | 0.00474775 | 0.0115 | |
| 睦坝8村1号台变三线08#-睦坝8村1号台变三线09#导线 | 0.64 | 12.42 | 0.0079 | 0.0001 | 2022-01-20 | 40.9285 | 40.9235 | 0.00501709 | 0.0123 | |
| 睦坝8村1号台变三线09#-睦坝8村1号台变三线10#导线 | 0.64 | 13.06 | 0.0084 | 0.0001 | 2022-01-20 | 39.0190 | 39.0142 | 0.00479696 | 0.0123 | |
| 睦坝8村1号台变二线04#-睦坝8村1号台变二线05#导线 | 0.64 | 10.87 | 0.007 | 0.0001 | 2022-01-20 | 38.3600 | 38.3559 | 0.00425914 | 0.0111 | |
| 睦坝8村1号台变二线201#-睦坝8村1号台变二线202#导线 | 0.64 | 10.87 | 0.007 | 0.0001 | 2022-01-20 | 34.3752 | 34.3721 | 0.00309927 | 0.0090 | |
| 睦坝8村1号台变二线05#-睦坝8村1号台变二线06#导线 | 0.64 | 11.41 | 0.0073 | 0.0001 | 2022-01-20 | 33.7559 | 33.7528 | 0.00313693 | 0.0093 | |
| 睦坝8村1号台变睦坝8村1号台变一线02#导线 | 8.3 | 800 | 6.64 | 0.0696 | 2022-01-20 | 28.8585 | 24.3226 | 4.5358906 | 15.7177 | |
| 睦坝8村1号台变00#-睦坝8村1号台变四线01#导线 | 0.64 | 29.82 | 0.0191 | 0.0003 | 2022-01-20 | 28.5079 | 28.4900 | 0.01789122 | 0.0628 | |

**图 6–47　该台区理论线损计算线段线损明细**

| 导线信息卡 | |
|---|---|
| 编号 | 310100000_24794686 |
| 名称 | 睦坝8村1号台变00#-睦坝8村1号台变二线01#导线 |
| 设备型号 | LJG-25xx |
| 长度(m) | 550 |

| | |
|---|---|
| 有功供电量(kWh) | 109.7392 |
| 售电量(kWh) | 95.18 |
| 损耗电量(kWh) | 14.5592 |
| 线损率(%) | 13.2671 |

图 6-48　怀疑异常型号导线参数情况

**异常治理**：进入 PMS 系统，新建任务后，按实际情况对其中 3 条异常损耗的线段参数（型号、长度）进行修改。之后进入 GIS 系统，重新导出该台区的低压台区图，提交任务，等待系统同步。PMS 系统整改对应参数型如图 6-49 所示，GIS 系统重新导出 SVG 图形如图 6-50 所示。

图 6-49　PMS 系统整改对应参数型号

图 6-50　GIS 系统重新导出 SVG 图形

## 第五节　模型不匹配

理论计算中，10 kV 线路（台区）的模型和档案需要相互一致配对，若匹配不一致，则会造成理论线损计算的电量不完整，造成模型不可算。本节中以一条线路和一个台区的异常治理为例进行模型不匹配治理的说明。

异常类型：模型不匹配

**案例 10：线路模型不匹配**

线路名称：10 kV 城垭线

基本情况：10 kV 城垭线共有在运公用变压器 46 台，在运专用变压器 11 台；9 月 20 日理论线损计算中，10 kV 城垭线公用变压器存在档案 46 台、模型 46 台、匹配模型 46 台，高压存在档案 11 户、模型 10 户、匹配模型 10 户。专用变压器模型不完全匹配，如图 6-51 所示。

| | 数据完整性检查 | | | 线路电缆长度(m) | | 线路导线长度(m) | | 公变数量 | | | 高压用户数量 | | | 图形档案 | 参数对比 |
|---|---|---|---|---|---|---|---|---|---|---|---|---|---|---|---|
| 存在起点 | 档案参数 | 拓扑 | 运行数据 | 档案 | 模型 | 档案 | 模型 | 档案 | 模型 | 匹配模型 | 档案 | 模型 | 匹配模型 | | |
| 是 | 完整 | 完整 | 完整 | 1419.00 | 1419.00 | 40962.30 | 40962.30 | 46 | 46 | 46 | 11 | 10 | 10 | 查看 | 查看 |

**图 6-51　同期系统城垭线配网模型检查情况**

初步分析：依次查看公用变压器、专用变压器模型对比界面，发现图形档案共有高压用户 10 户，线损系统档案共有高压用户 11 户，线损档案中"阆中市城市 ** 有限公司"用户无对应图形档案。线损系统档案不匹配情况如图 6-52 所示。

| | 序号 | 用户名称 | 用户ID | 用户编号 |
|---|---|---|---|---|
| | | **线损系统档案** | | |
| ☐ | 1 | 白包梁电灌站人饮 | 229***168415 | 950***8415 |
| ☐ | 2 | 嘉陵村供水站 | 229***067341 | 950***7341 |
| ☐ | 3 | 涧溪口村2社农排 | 2240***039265 | 065***1553 |
| ☐ | 4 | 沙溪9村农排 | 229***034946 | 950***4946 |
| ☐ | 5 | 沙溪办事处嘉陵村村民委员会(农排) | 2240***918249 | 054***2404 |
| ☐ | 6 | 中国铁塔股份有限公司南充市分公司 | 229***168441 | 950***8441 |
| ☐ | 7 | 垭口乡神隆垭5、7、10社农排 | 229***025718 | 950***5718 |
| ☐ | 8 | 垭口自来水 | 229***052317 | 950***2317 |
| ☐ | 9 | 阆中市城市供排水有限公司 | 2240***577309 | 126***2390 |
| ☐ | 10 | 阆中市村镇供排水有限公司 | 2240***488863 | 084***3447 |
| ☐ | 11 | 阆中市慧隆家庭农场 | 2240***521577 | 104***0608 |

**图 6-52　线损系统档案不匹配情况**

异常分析：检查 PMS 系统、GIS 系统后，对 10 kV 城垭线专用变压器用户模型进行分析，发现"阆中市城市 ** 有限公司"用户属双电源用户，主供线路为 10 kV 城水线，专用变压器所有线变关系均为 10 kV 城水线。10 kV 城垭线为该用户备供线路，但在 GIS 系统中

10 kV 城垭线与该线路无线变关系，造成模型匹配不一致。

异常治理：结合数据数据分析，在 GIS 系统中 10 kV 城垭线至"阆中市城市 ** 有限公司"用户备供电源 T 接点处添加中压用户并核查线变关系，如图 6-53 所示。同时在 GIS 系统更新所属大馈线，并检查模型正常后导出 SVG 文件，结束流程。

治理成效：在进行 GIS 系统源端档案更新后，"同期系统理论线损管理 – 配网理论线损模块 – 图形档案接入"界面将 10 kV 城垭线加入生成模型任务进行模型更新，如图 6-54 所示。更新完成后到配网模型检查界面对高压用户线损系统档案与模型进行关联，如图 6-55 所示。关联完成后公用变压器、专用变压器模型匹配正常，线路理论线损可算。

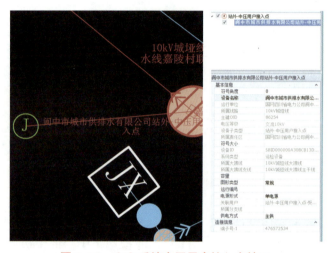

图 6-53　GIS 系统中压用户接入点情况

| | 序号 | 线路名称 | 传递时间 | 解析时间 | 已生成模型 | 加入任务时间 | 生成模型时间 |
|---|---|---|---|---|---|---|---|
| | 1 | 10kV城垭线 | 2021-09-18 06:09:58 | 2021-09-18 04:17:40 | 是 | 2021-09-29 17:04:07 | 2021-09-29 17:04:42 |

图 6-54　图形档案接入模型更新

图 6-55　公用变压器、专用变压器模型对比档案与模型关联

**案例11：台区模型不匹配**

**台区名称**：10 kV 城周二线安居 1 号配电室

**基本情况**：该台区在 9 月至 12 月理论线损计算代表日均为可算台区，且理论线损计算双率合理率和电量偏差合理率均在正常范围。该台区在 1 月 17 日理论线损计算不可算。该台区模型匹配情况如图 6-56 所示。

图 6-56 该台区模型匹配情况

**初步分析**：在"低压理论线损模块 – 低压网模型维护"中找到该台区，发现该台区档案参数完整、拓扑关系完整、运行参数完整。档案与匹配模型数量不一致。档案数量 8 个，模型数量 9 个，匹配数量 7 个，不完全匹配，如图 6-56 所示。经过分析，怀疑调整档案修改到条形码导致条形码异常、GIS 系统用户挂接异常等问题造成。

**异常处理**：在理论线损低压网模型维护中查看模型匹配明细，找到不一致的表箱标识（如有相同的表箱标识，只是没关联，直接点关联即可），如图 6-57 所示。

图 6-57 该台区的模型匹配明细情况

找到无法匹配的表箱后，通过 GIS 系统找到"10 kV 城周二线安居 1 号配电室"，如图 6-58 所示。

然后，选中"10 kV 城周二线安居 1 号配电室"下计量箱，查看计量箱属性，找到同期系统与 PMS 系统不匹配的计量箱。计量箱属性查询如图 6-59 所示。

图 6-58　GIS 系统中定位"10 kV 城周二线安居 1 号配电室"

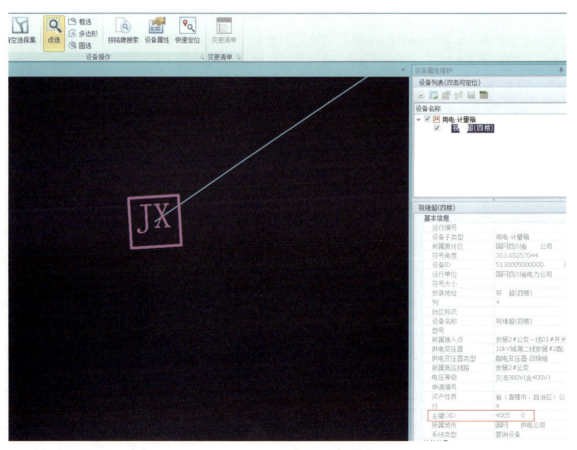

图 6-59　计量箱属性查询

之后，将不匹配的计量箱删除，重新画上新的表箱，完善条形码。再在 SG186 系统中找到错误表箱条形码替换新的表箱条形码。GIS 系统中画上新的表箱如图 6-60 所示。

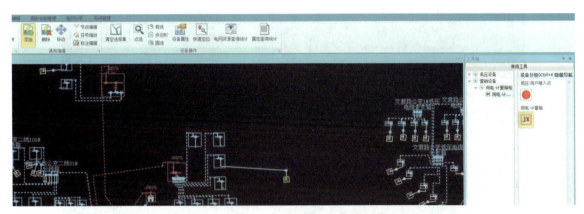

图 6-60　GIS 系统中画上新的表箱

最后，重新生成低压台区图，重新导出图模，提交任务。生成新单线图如图 6-61 和导出 SVG 图形如图 6-62 所示。

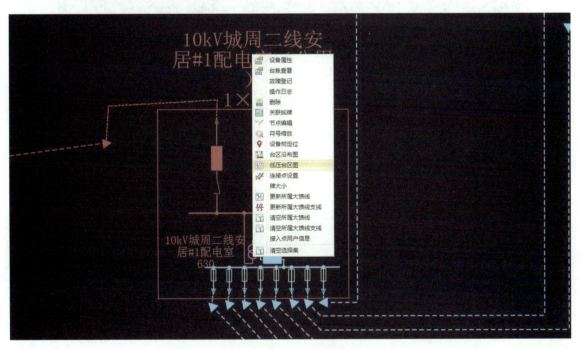

图 6-61　生成新单线图

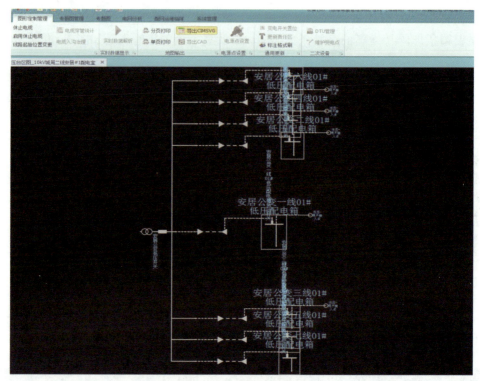

图 6-62　导出 SVG 图形

**治理成效：** 1 月 24 日理论线损计算低压网模型维护中表箱档案数量为 5，模型数量 5，匹配数量 5，档案不完全匹配整改完成，如图 6-63 所示。

| | 序号 | 台区编号 | 台区名称 | 所属线路 | 数据完整性检查 | | | 表箱数量 | | | 台区模型长度 | 三相用户个数 |
| --- | --- | --- | --- | --- | --- | --- | --- | --- | --- | --- | --- | --- |
| | | | | | 档案参数 | 拓扑 | 运行数据 | 档案 | 模型 | 匹配模型 | | |
| ☐ | 1 | 514**1715 | 10kV城周二线安... | 10kV城周二线 | 完整 | 完整 | 不完整 | 5 | 5 | 5 | | |

图 6-63　整改后表箱匹配情况